塔里木油田高压气井修井技术难点及对策

何银达　吴云才　胡　超　周理志　著

石油工业出版社

内 容 提 要

本书介绍了塔里木油田因井完整性以及井筒堵塞问题而无法生产的高压气井的六个复产案例的修井技术及作业过程,包括高压气井不压井更换采气树技术、突发环空压力异常井压井控制及修井等,并在每个案例末尾总结了关于作业的一些思考,下一步的改进方向,具有较高的实用参考价值。

本书可供从事高压气井采气工程及井下作业的工程技术人员参考。

图书在版编目（CIP）数据

塔里木油田高压气井修井技术难点及对策 / 何银达

等著 .—北京：石油工业出版社，2018.7

ISBN 978–7–5183–2626–6

Ⅰ . ① 塔… Ⅱ . ① 何… Ⅲ . ① 塔里木盆地 – 油气井 –

修井作业 – 案例 – 汇编 Ⅳ . ① TE25

中国版本图书馆 CIP 数据核字（2018）第 105482 号

出版发行 : 石油工业出版社

　　　　　（北京安定门外安华里 2 区 1 号　　100011）

　　　　　网　　址 : www.petropub.com

　　　　　编辑部 :（010）64523710　　图书营销中心 :（010）64523633

经　　销 : 全国新华书店

印　　刷 : 北京中石油彩色印刷有限责任公司

2018 年 7 月第 1 版　　2018 年 7 月第 1 次印刷

787 × 1092 毫米　　开本 : 1/16　　印张 : 13

字数 : 320 千字

定价 : 80.00 元

（如发现印装质量问题，我社图书营销中心负责调换）

版权所有，翻印必究

《塔里木油田高压气井修井技术难点及对策》
编 写 组

组　　长：何银达

副组长：吴云才　胡　超　周理志

编写人员：党永彬　秦德友　易　飞　赵　鹏　何川江

　　　　　钟博文　向文刚　张玫浩　周忠明　罗　超

　　　　　梁从富　杨　珂　修云明　韦兴容　王　智

　　　　　陆爱玲　曾　努　王胜雷　方　伟　付　江

　　　　　徐乐乐　闫建业　吴镇江　王　磊　杨忠武

　　　　　徐　箭　范明国

序

　　塔里木油田库车前陆冲断带天然气藏具有埋藏深（>4000m）、地层压力高（>103MPa）、温度高（>130℃）的特点，天然气井属于典型的高温高压气井。

　　高压气井在生产过程中遇到了以下几种问题：（1）井完整性问题，A、B、C环空压力异常，危及生产安全;（2）高压气井出砂，造成井筒内堵塞无法生产;（3）动态监测时电缆、钢丝断脱，长期生产过程中造成井筒堵塞。甚至以上几种情况并存使得井筒情况更加复杂，修井复产工作面临巨大的挑战。

　　近些年来，通过成功治理多口高压气井，总结了相关治理经验，主要包括高压气井套管找漏堵漏作业、高压气井连续油管冲砂作业、高压气井油管断路及堵塞压井作业、高压气井带压更换采油树作业、高压气井小油管带压作业、高压气井油管堵塞作业，汇编了《塔里木油田高压气井修井技术难点及对策》，本案例汇编是从事高压气井生产修复的现场工程技术人员的实际工作案例，希冀能够与业界专家分享经验。如果有读者从中取得些许收获，将是我们莫大的欣慰。

2017.11

前　言

　　塔里木油田是我国重要的油气开发区，生产井、开发井较多，在产量供给上承担了重要的任务。随着深井、高压气井的长时间生产，加上地质情况的变化，出现井下复杂和异常井，单井隐患的成功治理，是保供生产任务的前提。近年来，塔里木油田通过不断地摸索、创新，针对复杂井、问题井进行了技术攻关，积累了许多经验，我们将其中具有普遍性、特殊性的案例进行整理，形成了《塔里木油田高压气井修井技术难点及对策》一书。

　　本书主要介绍了因井完整性以及井筒堵塞问题而无法生产的高压气井的复产案例，其中包括了高压气井不压井更换采气树技术在塔里木高压气井现场作业中的形成、发展和成熟的过程；包括了突发环空压力异常井压井控制技术及其修井作业过程；包括了因井内生产管柱完整性存在问题，且堵塞严重而采取的"连续油管 + 酸化作业"措施达到复产目的的案例；包括了上部油管断脱、底部油管堵塞的控压节流压井技术及其修井过程。

　　本书由何银达主编，吴云才、胡超、周理志担任副主编。全书由 6 个相对独立的修井、复产案例组成。每个案例详细介绍了问题井的背景情况、治理思路及现场情况，同时在案例的末尾总结了在修井施工过程中的一些思考、关键技术及带来的效益。本书可供从事采气工程以及井下作业技术人员阅读参考。由于作者都是从事一线生产的工程技术人员，全书以实际应用为主。恳切希望本书能为从事高压气井开发的技术人员提供一些高压气井修井现场作业参考。

目 录
CONTENTS

案例一　高压气井套管找漏堵漏作业

1　作业背景

XX2-22 井于 2009 年 9 月 17 日开井投产,日产天然气 $50 \times 10^4 m^3$,凝析油 51t,油压 85MPa,生产情况稳定。2009 年 10 月调产至 $86 \times 10^4 m^3/d$,油压小幅波动下降至 80MPa,并有下降速度加快的趋势。2010 年装置检修后开井,日产天然气 $80 \times 10^4 m^3$,凝析油 66t,油压 68MPa,油压波动下降速度加快,最高时日产天然气超过 $100 \times 10^4 m^3$,油压波动最低降至 25MPa。2013 年,日产天然气降至 $40 \times 10^4 m^3$,油压出现剧烈波动。2014 年 5 月 16 日,油压陡降至 11MPa,活动油嘴无效,关井恢复油压至 71MPa,开井并下调开度配产 $30 \times 10^4 m^3/d$,油压下降速度仍然较快,2014 年 11 月 30 日,油压在油嘴开度不变的情况下,以更快的速度下降,并在后期出现波动。2015 年 4 月 13 日,将该井倒入计量流程核实产量,因出砂较为严重,导致计量管线砂堵而关井,详细情况见该井采气曲线(图 1.1)。

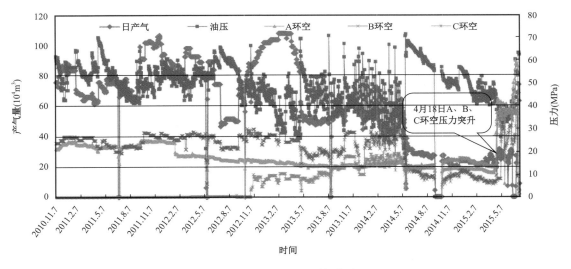

图 1.1　XX2-22 井采气曲线

2015 年 4 月 18 日,关井检修,发现 A 环空压力、B 环空压力、C 环空压力均快速上涨,A 环空压力最高涨至 67.5MPa,B 环空压力最高涨至 49.46MPa,C 环空压力最高涨至 58.35MPa(图 1.2),开井后进行环空放压,B 环空、C 环空放压过程中均放出可燃天然气,油压 A 环空压力、C 环空压力基本一致(均在 38MPa 左右),造成现场无法关井,而生产流程又因该井出砂频繁堵塞,形成了既不能关井,又不能正常生产的危险局面。

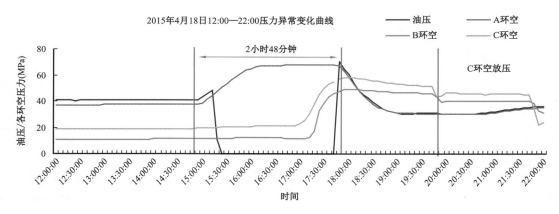

图 1.2　XX2-22 井压力异常变化曲线

根据该井环空压力异常后开展的分析及现场测试,得出如下结论:

(1)通过分别卸开 7in、9⅝in、13⅜in 套管主副密封的试压堵头判断其密封性能,判断 7in、9⅝in 套管主副密封密封有效、13⅜in 主密封密封有效(副密封未测试),如图 1.3—图 1.6 所示。

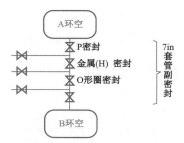

图 1.3　XX2-22 井 7in 套管副密封检查

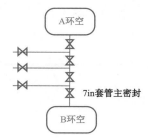

图 1.4　XX2-22 井 7in 套管主密封检查

(2)2015 年 4 月 19 日,对 B 环空进行放压,先放出 2L 固体杂质,接着放出 4L 液体,最后放出可燃气体;B 环空放压至 6.06MPa 后关闭,压力稳定,B 环空放压过程中 C 环空压力基本不变,证实 B 环空压力源较小或环空不畅通。

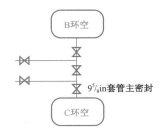

卸松$9\frac{5}{8}$in套管主密封试压孔,液压油喷出后,无气体喷出,判断主密封密封有效。

图1.5　XX2-22井$9\frac{5}{8}$in套管主密封检查

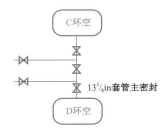

卸松$13\frac{3}{8}$in套管主密封试压孔,液压油喷出后,无气体喷出,判断主密封密封有效。

图1.6　XX2-22井$13\frac{3}{8}$in套管密封性检查

（3）2015年5月16日,对A环空注环空保护液,累计注入环空保护液42m³,在地面生产管线取样口处持续取液样,发现绿色液体,与补入的环空保护液一致,确认环空保护液进入油管内。

（4）2015年6月19日,采用两台泵车对A环空反挤清水75m³,对油管正挤清水35m³,待油套稳定后对油管正挤密度为1.1g/cm³的污水15m³,对A环空反挤污水55m³,最后油套合注污水10m³。挤压井后C环空压力稳定一段时间,伴随A环空压力上升,C环空压力出现拐点迅速上升,C环空在压井过程中放出污水,证实A环空与C环空沟通性良好。

另外,该井在生产过程中油压和产量波动较大,单井出砂严重,取井口不同位置砂样(图1.7、图1.8)进行分析,分析结果见表1.1。

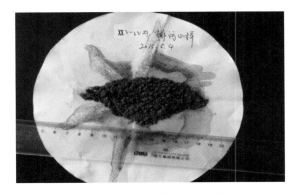

图1.7　XX2-22井排污节流阀阀座砂样　　　　图1.8　XX2-22井一级油嘴砂样

表 1.1　XX2-22 井砂样分析统计表

取样日期	取样位置	分析结果
2014.5.20	井口"U"形弯管	油、水、颗粒物混杂，经滤水、晾干，沉淀物为细小的石英(为主)、长石(少)、硬石膏(少)、铁屑等颗粒及泥质。粒径为 0.01~0.25mm。铁屑呈黑色，金属光泽，反射光为铁黑色，被磁铁吸附
2014.5.26	井口"U"形弯管	油、水、颗粒物混杂，经滤水、晾干，沉淀物为细小的石英(为主)、长石(少)、铁屑等颗粒及泥质。粒径为 0.01~0.25mm。铁屑呈黑色，金属光泽，反射光为铁黑色，被磁铁吸附
2014.5.18	油嘴	磨制的薄片中见石英颗粒、长石颗粒及粉砂岩岩屑、褐色泥岩的岩屑、晶粒状方解石斑块及铁屑。砂粒大小不等，粒径为 0.1~1.8mm
2015.5.3	油嘴	现场所取砂岩未进行化验分析，肉眼可见 3~5mm 砂样

该井油压及各级环空压力异常，无法实施长期安全关井，加之地层出砂严重，开井时井口节流阀频繁被堵塞，致使该井出现既不能开井正常生产，也不能长期安全关井的矛盾处境。若通过采用地面点火放喷进行作业，会造成资源严重浪费，且容易污染环境，最终也不能彻底解决该井的危险状况。为降低该井井控风险，实现安全关井，针对该井首次提出实施压井控制关井技术，即通过利用泵车分别从油管、套管泵入压井液半压井，最终实现安全关井目的，为组织修井作业争取了时间。

2015 年 6 月 13 日起，对 XX2-22 井实施压井控制关井作业，施工过程如下：

先向 A 环空挤密度为 $1.4g/cm^3$ 的有机盐 $50m^3$，后向油管内挤清水 $45m^3$，排量 $0.8~1.0m^3/min$，最高泵压 63MPa。压井前：生产油压 40.3MPa，A 环空压力 40.3MPa，B 环空压力 26.4MPa，C 环空压力 37.1MPa。压井后：关井油压 39.0MPa，A 环空压力 34.9MPa，B 环空压力 23.1MPa，C 环空压力 36.5MPa。为了降低作业成本，决定采用密度为 $1.1g/cm^3$ 的污水继续半压井，2015 年 6 月 19 日先对 A 环空反挤清水 $75m^3$，后对油管正挤清水 $35m^3$，待油套稳定，对油管正挤污水 $15m^3$，对 A 环空反挤污水 $55m^3$，最后油套合注污水 $10m^3$，排量 $1.0~1.3m^3/min$，最高泵压 68MPa。补压前：油压 45.1MPa，A 环空压力 45.0MPa，B 环空压力 26.6MPa，C 环空压力 39.5MPa；压井后：油压 34.6MPa，A 环空压力 32.4MPa，B 环空压力 26.2MPa，C 环空压力 37.8MPa。至修井作业前共挤压井 13 次，最终实现安全关井 53.75 天，减少天然气放空 $2990×10^4m^3$，减少原油排放 2596t。

1.1　基础资料

该井为异常高压气井，预测地层压力 88.19MPa，折算压力系数为 1.84。

1.1.1　井身结构及套管数据

XX2-22 井设计井深 5190.00m，完钻井深 5242.00m，人工井底 5226.00m。井身结构为：508.00mm 套管下深为 0~208.30m；339.72mm 套管下深为 0~3948.38m；244.48mm 套管下深为 0~2979.74m；250.83mm 套管下深为 2979.74~4787.73m；177.80mm 套管下深为 0~4618.81m，4618.81~5240.00m。XX2-22 井井身结构如图 1.9 所示、套管数据见表 1.2。

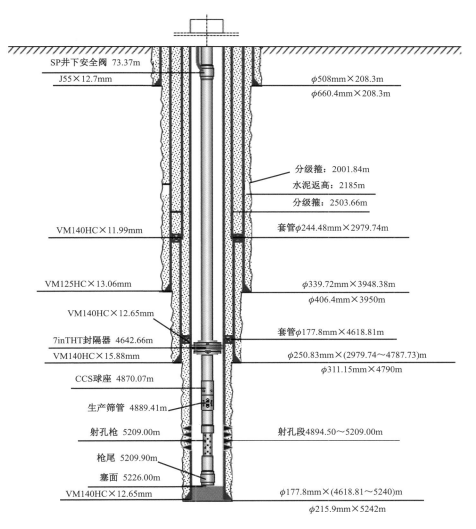

SP井下安全阀 73.37m
J55×12.7mm
φ508mm×208.3m
φ660.4mm×208.3m

分级箍：2001.84m
水泥返高：2185m
分级箍：2503.66m

VM140HC×11.99mm
套管φ244.48mm×2979.74m

VM125HC×13.06mm
φ339.72mm×3948.38m
φ406.4mm×3950m

VM140HC×12.65mm
7inTHT封隔器 4642.66m
VM140HC×15.88mm
套管φ177.8mm×4618.81m
φ250.83mm×(2979.74～4787.73)m
φ311.15mm×4790m

CCS球座 4870.07m
生产筛管 4889.41m
射孔枪 5209.00m
射孔段4894.50～5209.00m

枪尾 5209.90m
塞面 5226.00m
VM140HC×12.65mm
φ177.8mm×(4618.81～5240)m
φ215.9mm×5242m

图 1.9　XX2-22 井井身结构图

表 1.2　XX2-22 井套管数据

层次	下入井段（m）		外径（mm）	钢级	壁厚（mm）	段长（m）	抗拉（kN）	抗内压（MPa）	抗外挤（MPa）
	自	至							
1	0	208.30	508.00	J55	12.70	208.30	7495.00	15.97	5.29
2	0	3948.38	339.70	VM125HC	13.06	3948.38	11548.00	58.00	19.90
3	0	2979.74	244.48	VM140HC	11.99	2979.74	8454.00	82.20	53.90
4	2979.74	4787.73	250.80	VM140HC	15.88	1807.99	11311.00	106.90	97.90
5	0	4618.41	177.80	VM140HC	12.65	4618.41	6340.00	120.00	107.00
6	4618.41	5240.00	177.80	VM140HC	12.65	621.59	6340.00	120.00	107.00

1.1.2　井内管柱

作业前井内管柱情况（自上而下）：油管挂 + 双公短节 +$3\frac{1}{2}$in×7.34mm S13Cr110 FOX 油管 +$3\frac{1}{2}$in×7.34mm S13Cr110 调整短油管 + 上提升短节 + 上流动接箍 +$3\frac{1}{2}$in SP 井下安全阀（内径 65.08mm）+ 下流动接箍 + 变扣接头 +$3\frac{1}{2}$in×7.34mm S13Cr110BEAR 油管 + 变扣接头 +$3\frac{1}{2}$in×6.45mm S13Cr110FOX 油管 + 上提升短节 +7inTHT 封隔器 + 磨铣延伸管 + 短油管 + 下提升短节 +$3\frac{1}{2}$in×6.45mm S13Cr110 油管 21 根 + 校深短节 +$3\frac{1}{2}$in×6.45mm S13Cr110 油管 2 根 +CCS 球座 +88.9mm× 生产筛管 2 根 + 带十字叉变扣 + 减振器 + 上延时起爆器 + 安全枪 + 射孔枪 + 下延时起爆器 + 枪尾,射孔枪串总长 320m,详细情况如图 1.10 所示。

管柱结构	名称	内径(mm)	外径(mm)	上扣扣型	下扣扣型	数量(根)	长度(m)	下入深度(m)
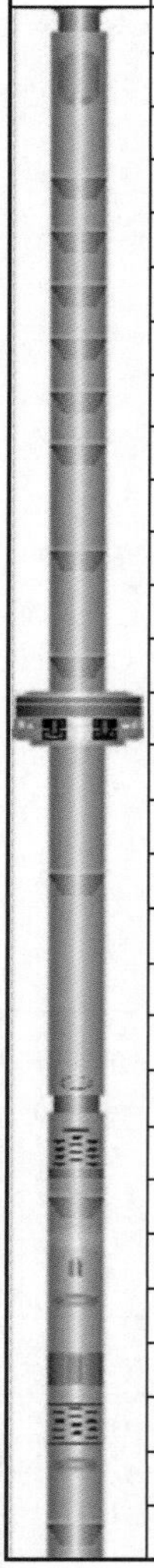	油管挂	74.00	273.00		$3\frac{1}{2}$inFOXB	1	0.34	8.16
	双公短节	74.22	88.90	$3\frac{1}{2}$inFOXP	$3\frac{1}{2}$inFOXP	1	0.85	9.01
	油管	74.22	88.90	$3\frac{1}{2}$inFOXB	$3\frac{1}{2}$inFOXP	6	58.14	67.15
	调整短油管	74.22	88.90	$3\frac{1}{2}$inFOXB	$3\frac{1}{2}$inFOXP	1	1.03	68.18
	上提升短节	74.22	88.90	$3\frac{1}{2}$inFOXB	$3\frac{1}{2}$inFOXP	1	1.53	69.71
	上流动接箍	73.15	105.41	$3\frac{1}{2}$inFOXB	$3\frac{1}{2}$inFOXP	1	1.75	71.46
	SP井下安全阀	65.08	148.84	$3\frac{1}{2}$inFOXB	$3\frac{1}{2}$inFOXP	1	1.91	73.37
	下流动接箍	73.15	105.41	$3\frac{1}{2}$inFOXB	$3\frac{1}{2}$inFOXP	1	1.75	75.12
	变扣接头	74.22	88.90	$3\frac{1}{2}$inFOXB	$3\frac{1}{2}$inBEARP	1	0.94	76.06
	油管	74.22	88.90	$3\frac{1}{2}$inBEARB	$3\frac{1}{2}$inBEARP	194	1872.96	1949.02
	变扣接头	74.22	88.90	$3\frac{1}{2}$inBEARB	$3\frac{1}{2}$inFOXP	1	0.94	1949.96
	油管	74.00	88.90	$3\frac{1}{2}$inFOXB	$3\frac{1}{2}$inFOXP	278	2689.34	4639.3
	上提升短节	76.00	88.90	$3\frac{1}{2}$inFOXB	$3\frac{1}{2}$inFOXP	1	1.02	4640.32
	7inTHT封隔器	74.46	138.89	$3\frac{1}{2}$inFOXB	$3\frac{1}{2}$inFOXP	1	0.54 1.80	4640.86 4642.66
	磨铣延伸管	71.63	102.00	$3\frac{1}{2}$inFOXB	$3\frac{1}{2}$inFOXB	1	0.31	4642.97
	短油管	74.22	88.90	$3\frac{1}{2}$inFOXB	$3\frac{1}{2}$inFOXP	1	1.42	4644.39
	下提升短节	76.00	88.90	$3\frac{1}{2}$inFOXB	$3\frac{1}{2}$inFOXP	1	1.03	4645.42
	油管	76.00	88.90	$3\frac{1}{2}$inFOXB	$3\frac{1}{2}$inFOXP	21	203.19	4848.61
	校深短节	76.00	88.90	$3\frac{1}{2}$inFOXB	$3\frac{1}{2}$inFOXP	1	1.53	4850.14
	油管	76.00	88.90	$3\frac{1}{2}$inFOXB	$3\frac{1}{2}$inFOXP	2	19.35	4869.49
	CCS球座	61.00 72.20	136.14	$3\frac{1}{2}$inFOXB	$3\frac{1}{2}$inFOXP	1	0.58	4870.07
	生产筛管	76.00	88.90	$3\frac{1}{2}$inFOXB	$3\frac{1}{2}$inFOXP	2	19.34	4889.41
	带十字叉变扣	62.00	114.00	$3\frac{1}{2}$inFOXB	$2\frac{7}{8}$inFOXP	1	0.88	4890.29
	减振器	48.00	102.00	$2\frac{7}{8}$inEUEB	$2\frac{7}{8}$inEUEP	2	2.20	4892.49
	上延时起爆器	93.00		$2\frac{7}{8}$inEUEB	枪扣	1	0.55	4893.04
	安全枪	127.00		枪扣	枪扣	1	1.46	4894.5
	射孔枪	127.00		枪扣	枪扣	79	314.50	5209
	下延时起爆器	93.00		枪扣	枪扣	1	0.75	5209.75
	枪尾	93.00		枪扣	枪扣	1	0.15	5209.9

图 1.10　XX2–22 井井内管柱示意图

1.1.3 油层测井解释数据、固井数据及射孔数据

XX2-22井生产层位为古近系（E），生产层段4894.5~5209.0m，射孔段126.5m/20层（跨度314.5m），测井解释成果数据及射孔数据见表1.3，套管固井质量评价见表1.4。

表1.3 XX2-22井测井解释成果及射孔段数据表

分段	层位	层号	井段（m）	厚度（m）	孔隙度（%）	含油饱和度（%）	泥质含量（%）	测井解释	备注
直井段	$E_{2-3}s^1$	1	4894.5~4898.0	3.5	9.0	65		气层	
		2	4906.5~4908.5	2.0	9.5	62		气层	
		3	4909.5~4914.5	5.0	9.5	58		气层	
		4	4916.5~4917.5	1.0	6.4	57		差气层	
		5	4919.5~4934.5	15.0	12.0	59		气层	
		6	4946.5~4948.5	2.0	9.2	66		气层	
		7	4950.5~4953.0	2.5	10.8	62		气层	
		8	4972.0~4974.0	2.0	11.0	61		气层	
		9	4974.0~4983.5	9.5	4.5			干层	
	$E_{2-3}s^2$	10	4986.5~4987.0	0.5	6.7	60		差气层	
		11	4991.5~4993.0	1.5	10.0	63		气层	
		12	4997.5~4999.0	1.5	9.7	63		气层	
		13	5021.5~5024.5	3.0	7.3	60		差气层	
		14	5034.0~5036.0	2.0	8.3	63		气层	
		15	5037.0~5038.5	1.5	7.8	60		差气层	
		16	5041.0~5042.5	1.5	3.0			干层	
		17	5045.0~5046.0	1.0	7.3	62		差气层	
		18	5050.5~5056.0	5.5	9.5	61		气层	
		19	5062.5~5065.0	2.5	9.1	57		气层	
		20	5068.5~5075.5	7.0	15.0	66		气层	
	$E_{2-3}s^3$	21	5076.5~5094.5	18.0	11.0	68		气层	
		22	5102.0~5104.5	2.5	6.7	65		差气层	
		23	5107.0~5108.5	1.5	7.6	66		差气层	
	$E_{1-2}km^2$	24	5154.0~5157.0	3.0	4.0			干层	
		25	5157.0~5159.5	2.5	7.6	56		差气层	
		26	5160.0~5165.0	5.0	3.9			干层	
		27	5176.0~5179.5	3.5	4.0			干层	
		28	5180.5~5184.5	4.0	6.5	56		差气层	
		29	5188.0~5189.5	1.5	5.5			干层	
		30	5193.5~5198.0	4.5	7.7	65		差气层	
技术说明									

表 1.4 套管固井质量评价表

250.82mm+244.47mm 套管					
井段（m）	固井质量	井段（m）	固井质量	井段（m）	固井质量
33.0～244.0	差	860.0～876.0	好	4262.0～4276.0	中
244.0～249.0	中	876.0～881.0	中	4276.0～4300.0	好
249.0～334.0	差	881.0～987.0	好	4300.0～4376.0	中
334.0～340.0	好	987.0～992.0	差	4376.0～4405.0	好
340.0～359.0	差	992.0～1623.0	好	4405.0～4426.0	中
359.0～362.0	好	1623.0～1627.0	差	4426.0～4453.0	好
362.0～404.0	差	1627.0～2051.0	好	4453.0～4500.0	中
404.0～407.0	好	2051.0～2054.0	差	4500.0～4567.0	好
407.0～533.0	差	2054.0～2620.0	好	4567.0～4573.0	中
533.0～544.0	好	2620.0～2661.0	中	4573.0～4579.0	好
544.0～550.0	中	2661.0～2673.0	好	4579.0～4595.0	中
550.0～552.0	差	2673.0～2782.0	中	4595.0～4600.0	好
552.0～560.0	中	2782.0～2794.0	好	4600.0～4650.0	中
560.0～607.0	差	2794.0～2804.0	中	4650.0～4677.0	好
607.0～617.0	中	2804.0～4074.0	好	4677.0～4687.0	中
617.0～629.0	差	4074.0～4083.0	中	4687.0～4704.0	好
629.0～646.0	中	4083.0～4115.0	好	4704.0～4707.0	差
646.0～854.0	好	4115.0～4155.0	中	4707.0～4887.7	好
854.0～860.0	差	4155.0～4262.0	好	4887.7～4276.0	中
177.80mm 套管					
井段（m）	固井质量	井段（m）	固井质量	井段（m）	固井质量
0～200.0	差	1130.0～1225.0	好	4650.0～4680.0	中
200.0～320.0	中	1225.0～2505.0	差	4680.0～4725.0	好
320.0～367.0	差	2505.0～2950.0	中	4725.0～4755.0	差
367.0～510.0	中	2950.0～3275.0	好	4755.0～4850.0	中
510.0～755.0	差	3275.0～3360.0	中	4850.0～4880.0	好
755.0～825.0	中	3360.0～3405.0	好	4880.0～5055.0	中
825.0～960.0	好	3405.0～3430.0	中	5055.0～5203.0	好
960.0～1020.0	中	3430.0～3925.0	好	5203.0～5214.0	中
1020.0～1085.0	好	3925.0～3955.0	中		
1085.0～1130.0	中	3955.0～4650.0	好		

1.1.4　流体性质

天然气中 CH_4 含量为 88.5%～89.5%，平均为 89.1%；CO_2 含量为 0.312%～0.353%，平均为 0.332%；气体相对密度为 0.6224～0.6334，平均为 0.6268，不含 H_2S。2013 年 9 月对地面凝析油进行取样分析得出，20℃时，该凝析油密度为 0.812g/cm³，黏度为 1.126mPa·s，含蜡 10.13%。2015 年 3 月取水样，测得平均密度为 1.0219g/cm³，pH 值为 7.15，氯离子含量为 9490mg/L，总矿化度为 23130mg/L，水型为 $NaHCO_3$，具体流体参数见表 1.5。

表 1.5　XX2-22 井流体物性参数表

古近系原油物性参数表							
取样日期	20℃密度（g/cm³）	50℃动力黏度（mPa·s）	凝点（℃）	含蜡量（%）	胶质（%）	沥青质（%）	含硫（%）
2013.09.23	0.8120	1.126	4.0	10.13	0.78	0.08	0.0584
2012.02.28	0.8170	1.259	8.0	7.00	0.14	0.05	
2011.09.03	0.8132	1.147	8.0	6.10			

古近系天然气物性参数表							
取样日期	甲烷（%）	乙烷（%）	氮气（%）	二氧化碳（%）	H_2S（mg/m³）	相对密度	取样空气含量（%）
2013.09.23	89.2	7.30	0.786	0.312	0	0.6280	1.22
2012.02.28	89.5	7.21	0.506	0.334	0	0.6263	1.11
2011.09.03	88.5	7.73	0.732	0.348	0	0.6334	0.71

古近系水样分析参数表							
取样日期	水密度（g/cm³）	pH 值	氯离子（mg/L）	阴离子总量（mg/L）	阳离子总量（mg/L）	总矿化度	苏林分类 / 水型
2015.03.06	1.0219	7.15	9490	102830	10290	23130	碳酸氢钠
2015.02.06	1.0055	6.37	5870	6400	4300	10700	碳酸氢钠
2014.11.22	1.0312	5.58	23500	23970	15220	39190	氯化钙

2　修井作业方案

2.1　整体思路

该井油套串通，套管存在漏点，且出砂严重。根据 A 环空补压情况，初步判断油管存在较大漏点，甚至断脱，预计漏点深度在 3600m 左右。A 环空、C 环空压力相关性明显，且油压、A 环空、C 环空压力基本一致，C 环空在压井过程中放出压井液（污水），证实 A 环空与 C 环空沟通性良好。根据 C 环空压力的变化情况(液位在漏点处及以上时,能控制气体往 C 环空窜漏,液位下降到漏点以下时,C 环空压力开始迅速上升),判断 C 环空漏点在 A 环空中下部(图 1.11)。结合现场挤压井情况及压力变化情况,得出如下结论:

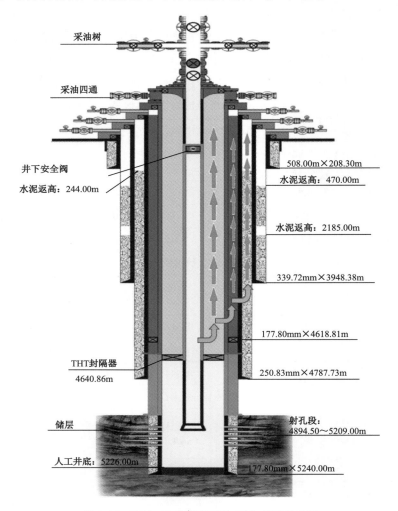

图 1.11　XX2-22 井各级环空压力来源示意图

（1）A 环空压力来源是因生产管柱存在漏点。

（2）B、C 环空压力异常是由 A 环空压力异常引起,通过修井作业可以切断 A 环空压力来源。

（3）该井处于高危险状态,需通过修井作业恢复安全生产。

2.1.1　治理原则

经讨论研究,形成以下治理原则:

（1）对套管进行找漏、封窜作业。

（2）更换油管管柱，消除安全隐患。

（3）对起出的原井油管进行取样、分析、评价。

2.1.2 关键工序

（1）用密度为 1.95g/m³ 的压井液挤压井。

（2）下入切割弹从封隔器上部油管切割，循环压井。

（3）起油管，对起出油管进行全面检查。

（4）磨铣、打捞封隔器及射孔枪。

（5）下桥塞并打水泥塞暂时封堵射孔段。

（6）对套管进行找漏、堵漏。

（7）钻水泥塞及桥塞。

（8）下防砂管柱防砂。

（9）重新下入完井管柱完井。

2.2 施工难点

难点一：优选压井方式和压井液配方，因压井困难，对设备、压井液选择提出较高要求。

（1）油管短路：前期挤压井施工过程中，排量高达 1.0～1.3m³/min，判断油管漏点较大。

（2）压力"窗口"窄：对压井泵压和排量控制要求高。

（3）有机盐污染压井液：现场采用密度为 1.95g/cm³ 的高密度压井液，被有机盐污染后压井液密度和稳定性降低，增加压井液沉淀埋封隔器等的风险。

难点二：磨铣、打捞永久式封隔器及下部带长射孔枪串（射孔枪串存在砂埋的风险，增加打捞难度）。

（1）套铣封隔器产生的碎块无法全部带出，特别是卡瓦脱落，可能会造成卡钻，给后续打捞射孔枪带来隐患；

（2）封隔器下部存在圈闭天然气，有一定的井控风险。

难点三：A 环空至 C 环空的找漏、堵漏困难。

（1）A 环空窜漏至 C 环空漏点大小、深度不明确；

（2）堵剂选择困难。

针对以上施工难点，提出如下解决措施：

针对难点一：优选压井方式和压井液配方。

交替压井，克服油管短路问题。先后从 A 环空、油管内挤注高黏隔离液和压井液挤压井，并反循环洗井至进出口液性能一致，确定无后效，再换装 105MPa 封井器组。

针对难点二：优选反扣钻杆及打捞工具，安全高效地打捞出油管、封隔器。

（1）利用反扣钻杆 + 篮式卡瓦打捞筒打捞 7inTHT 封隔器上部油管落鱼。

（2）利用反扣钻杆 + 高效铣鞋 + 套铣筒套松 THT 永久式封隔器，打捞出封隔器残体及射孔枪串。

针对难点三：测试套管质量，利用测试管柱进行正、负压找漏。

（1）下桥塞并打水泥塞暂时封堵射孔段。

（2）使用测井仪器测套管质量。

（3）对 7in 套管进行正压、负压分段找漏。

2.3 修井设备要求

钻机：70D 深井钻机。

2.4 井控设计

2.4.1 井控装备要求

（1）该井为异常高压气井，预测地层压力高达 88.19MPa，井控风险较高，应做好应急预案。

（2）充分考虑有关 HSE 要求。

考虑到该井为高压气井，选用以下防喷器配置：

① 井控装备规格：防喷器组合、节流管汇及压井管汇的压力等级为 105MPa；

② 组合方式：环形防喷器（FH28-70）+ 双闸板防喷器（2FZ28-105）+ 带剪切功能的单闸板防喷器（FZ28-105）+ 油管头四通；

③ 井控装备安装：井控设备的安装与维护参照 Q/SY TZ 0147—2005《井控装备安装调试与维护技术规范》执行。

2.4.2 压井液要求

根据井底压力 88.19MPa，折算压力系数为 1.84。按井控规定工程计算附加后的压井液密度范围为 1.91～1.99g/cm³，因此推荐使用密度为 1.95g/cm³ 压井液（现场根据实际情况及时调整压井液密度）。压井液按 200m³（井筒容积的 2.0 倍）配备，并储备加重材料 100t 以上。

采用聚磺体系压井液，密度为 1.95g/cm³（现场根据实际情况及时调整压井液性能和密度），配方：膨润土 1%～2.5%+ 烧碱 0.5%～1%+ 磺化酚醛树脂 4%～7%+ 磺化褐煤树脂 2%～5%+ 防塌剂 3%～5%+ 润滑剂 1%～3%+ 加重剂。

压井液性能要求：漏斗黏度 50～70s，API 失水小于 3mL，高温高压滤失量失水小于 8mL，摩阻系数小于 0.1，初切 1～4Pa，终切 6～15Pa，塑性黏度 40～60mPa·s，动切力 5～10Pa，膨润土含量 2～5g/L，固相含量 37%～42%，具有良好的高温沉降稳定性、流变稳定性，满足高温 130℃静止 20 天后，不出现加重材料硬性沉淀，压井前做好压井液污染实验，修井期间应定期检测压井液性能。

高黏隔离液性能要求:漏斗黏度大于80s,与被替液体、替入液体在高温下不发生化学反应,不污染上下两段液体,具有可泵性,具有一定的稠度,满足替钻井液作业所要求的高黏度和抗温要求。

2.4.3 井控风险关键点

(1)XX2-22 井 3981.0~4573.0m 井段为膏盐岩层,4686.0~4880.5m 井段为膏泥岩层,套管易变形。

(2)XX2-22 井为"三高"气井,且为超深井,井口压力高,关井井口压力高达70MPa,测试求产和投产气层段属于超高压地层,预测地层压力 88.19MPa,井控风险较高。

(3)该井出砂严重,需做好相关考虑及防范工作。

(4)该井在钻完井过程中共发生井漏 12 次,累计漏失钻井液 587.3m³(表 1.6)。

表 1.6 XX2-22 井钻井和完井过程中井漏情况

序号	日期	层位	漏失井段或井深(m)	漏失量(m³)		漏速(m³/h)
				单次	累计	
1	2009.5.18	$E_{2-3}s^2$	5057.29~5058.23	2.9	2.9	8.70
2	2009.5.18	$E_{2-3}s^2$	5071.12~5077.36	134.8	137.7	25.50
3	2009.5.22	$E_{2-3}s^3$	5101.32~5102.22	3.0	140.7	3.40
4	2009.5.22	$E_{2-3}s^3$	5102.97~5104.49	89.5	230.2	26.60
5	2009.5.24	$E_{1-2}km^1$	5116.97~5120.02	12.9	243.1	6.70
6	2009.5.24	$E_{1-2}km^2$	5137.10~5138.73	5.6	248.7	5.60
7	2009.5.24	$E_{1-2}km^2$	5148.40~5158.00	44.8	293.5	4.89
8	2009.5.25	$E_{1-2}km^2$	5163.71~5165.67	135.6	429.1	24.00
9	2009.5.28	$E_{1-2}km^2$	5134.40~5165.67	37.6	466.7	14.00
10	2009.5.30	$E_{1-2}km^2$	5174.22~5176.00	13.4	475.6	8.90
11	2009.6.1	$E_{1-2}km^2$	5057.29~5176.00	80.5	556.1	18.30
12	2009.6.12	$N_1j^4 — E_{1-2}km^2$	4787.73~5242.00	31.2	587.3	

2.4.4 作业管柱配置

本井作业管柱配置:ϕ88.9mm×9.52mm×3580m+ϕ88.9mm×7.34mm×1000m+ϕ88.9mm×6.45mm×220m,具体管柱配置参数及管柱配置力学校核见附件。

3 作业工序及要求

3.1 钻机装备安装

（1）安装修井设备，调试运转合格。

（2）按照《塔里木油田井下作业井控实施细则》（2011年）要求安装高压气井压井管汇、节流管汇、油管放喷管线并试压合格。

3.2 开工验收

（1）对运抵现场的井下工具和地面设备严格按照要求进行复查，并核查工具试压记录、维护保养记录、合格证、一级、二级检查清单及第三方认证材料。

（2）每道工序作业前，现场监督应要求作业队伍开展工作安全分析和工艺安全分析。所有施工应符合《加强试油修井作业质量过程控制及安全管理的若干意见》的要求。

（3）作业前要对地面流程、井控设备、带压作业设备及辅助设施进行一次全面检查（维护保养记录、探伤报告等），施工车辆、节流循环设备、测试分离器、过滤设备、循环罐、储液罐以及其他设备应地面试压运行正常，承压设备必须试压合格，不合格的必须及时进行整改。

（4）作业设备安装调试好后，具备开工条件，由作业队提出书面申请，由项目组组织现场开工前验收。逐项进行验收，若达不到验收标准，则停止下步作业进行整改。所有井口装备及地面设备安装试压合格并试运行正常后，做好应急演练。

上述所有工作完成后按规定程序开工验收合格后，召开开工前交底会，施工作业井队和协作单位做好技术交底，明确各单位、各岗位的分工和工作职责后方可开工。

3.3 压井

（1）连接压井管线并试压合格，打开井下安全阀，反挤密度为1.1g/cm³的污水60m³后，再正挤相同密度污水25m³；

（2）反挤5m³隔离液和87m³压井液，后经节流管汇节流反循环排出油管内的污水，直到出口见压井液（节流压力视现场情况定），关井观察油、套压变化情况。准确记录泵入量、返出量、排量及时间。

（3）开井反循环至进出口压井液性能一致，测定压井液是否气侵、漏失。敞井观察12h无异常。

3.4 换装井口、起油管

（1）循环压井液一周，关井下安全阀，拆采气树，安装防喷器，并试压合格；

（2）用专用工具提出油管挂（注意顶丝是否完全退出）；

（3）上提管柱观察。若管柱断脱，直接起出；如没有断脱，倒扣后起出，注意起至井下安全阀位置时打开井下安全阀，观察是否有圈闭压力（根据倒扣后的悬重判断是否循环压井液）；

（4）根据起出的油管状况决定余下油管打捞方案（切割或倒扣）。

工艺要求：

（1）现场要根据具体情况制订详细的压井方案；

（2）防喷器试压严格按照《塔里木油田井控实施细则》（2011年）执行；

（3）按照《塔里木油田井控实施细则》（2011年），要求静止观察时间大于换装井口作业周期；

（4）起油管柱前，特别注意确保压稳井，平稳操作；

（5）对起出的油管进行逐根检查（工厂端、现场端以及油管本体腐蚀情况），并做详细文字及图片记录。

3.5 打捞封隔器及射孔枪

（1）下专用工具，套铣THT永久式封隔器；

（2）下 5 $\frac{5}{8}$in 卡瓦打捞筒，试提：① 若能顺利起出全部落鱼，则进行冲砂作业；② 若不能提出落鱼，则起出射孔枪以上油管。

3.6 套管找漏、封窜

（1）暂时封堵生产层段。

① 下入 7in 刮壁器刮壁至已处理井深；

② 对 7in 套管进行工程测井，评价套管质量；

③ 下桥塞并打水泥塞，底部井深 4840.0m（或鱼头以上 10m 左右位置），水泥塞长度 200m 左右，探塞面；

④ 下 RTTS 封隔器对水泥塞试压（反试压）。

（2）找漏。

先进行套管成像测井，然后下入跨隔找漏管柱对 7in 生产套管进行找漏作业，确定漏点位置。

（3）堵漏。

采用 LTTD 堵剂对漏点进行堵漏作业。

（4）验漏。

钻磨水泥段塞，对已堵漏位置进行负压验漏。

（5）钻水泥塞。

下入钻磨管柱，钻水泥塞及桥塞。

3.7 下完井管柱

（1）下入 7in 刮壁器刮壁至已处理井深；

（2）按照设计的完井管柱结构配好管柱，管柱结构：油管挂 + 双公短节 +3 $\frac{1}{2}$in TN110Cr13S TSH563（9.52mm）油管 5 根 +3 $\frac{1}{2}$in 井下安全阀 +3 $\frac{1}{2}$in TN110Cr13S TSH563（9.52mm）油管 344 根 +3 $\frac{1}{2}$in TN110Cr13S TSH563（7.34mm）油管 110 根 +7inTHT 封隔器 + 3 $\frac{1}{2}$in BT–S13Cr110 BGT1（6.45mm）油管 22 根 +ϕ108 投捞式堵塞阀 +2 $\frac{7}{8}$in HP1–13Cr110 FOX（5.51mm）短油管 1 根 +ϕ95POP 球座，完井管柱示意图（图 1.12）。

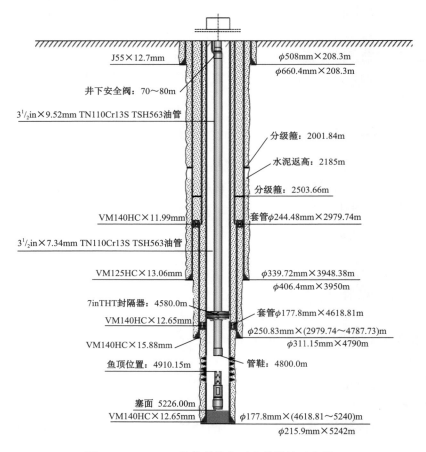

J55×12.7mm
ϕ508mm×208.3m
ϕ660.4mm×208.3m
井下安全阀：70～80m
3 $\frac{1}{2}$in×9.52mm TN110Cr13S TSH563油管
分级箍：2001.84m
水泥返高：2185m
分级箍：2503.66m
VM140HC×11.99mm
套管ϕ244.48mm×2979.74m
3 $\frac{1}{2}$in×7.34mm TN110Cr13S TSH563油管
VM125HC×13.06mm
ϕ339.72mm×3948.38m
ϕ406.4mm×3950m
7inTHT封隔器：4580.0m
VM140HC×12.65mm
套管ϕ177.8mm×4618.81m
VM140HC×15.88mm
ϕ250.83mm×（2979.74～4787.73）m
ϕ311.15mm×4790m
鱼顶位置：4910.15m
管鞋：4800.0m
塞面 5226.00m
VM140HC×12.65mm
ϕ177.8mm×（4618.81～5240）m
ϕ215.9mm×5242m

图 1.12　XX2–22 井修井作业后完井管柱示意图

（3）下完井管柱的工艺要求：

① 严格按照油管生产厂家推荐扭矩值上扣。

② 管柱下放速度控制在 60 秒 / 根左右。

③ 下完井油管前逐根进行氮气检验 75MPa，确保管柱螺纹的密封性。

④ 完井工具入井前须仔细检测相关内径、外径、长度尺寸，并按要求试压合格。

（4）下至井下安全阀位置时，连接 $3\frac{1}{2}$in 井下安全阀和液压控制管线，并对接头试压合格。

（5）接油管挂，将液压控制管线留足够长度后截断，并穿过油管挂。

（6）连接油管挂提升短节，缓慢下放管柱，坐放油管挂（坐油管挂前测管柱悬重并做好记录，注意在过防喷器时防止破坏油管挂密封面及液压控制管线）。

（7）拆防喷器组。

（8）将井下安全阀控制管线穿越油管头四通，安装采气树（工作压力 15000psi，材质 HH级，带 2 只安全阀和安全控制系统），注密封脂并试压合格后，按《塔里木油田井下作业井控实施细则》（2011 年）要求对采气树整体试压。

（9）按放喷设计连接固定好放喷管线，并按要求试压合格，用手压泵打开井下安全阀，在确认井下安全阀打开的情况下，反替入高黏隔离液 20m³，再替入密度 1.00g/cm³ 的环空保护液（清水 + 缓蚀剂），替出井筒内全部压井液（如压井液和环空保护液密度差过大，可在隔离液前部采用 1.5g/cm³ 左右中密度压井液作为过渡液）。

替液工艺要求：

① 替液前现场由泥浆工程师做出替液设计；

② 替液过程中严格按替液设计进行，平稳操作，严禁高泵压和大排量，以免损害封隔器胶筒；

③ 在地面采用针阀控制平衡压力，避免地层气体进入油管内，降低管内液柱压力；

④ 替液作业参照 Q/SY TZ 0034—2012《高压油气井替液技术规程》执行。

（10）投球，油管打压坐封封隔器，验封合格后，加压打掉球座（坐封位置：4635m ± 2m，要求避开套管接箍）。

（11）放喷求产。

4 作业风险提示及削减措施

（1）切割不到位，切割点以下油管被埋的风险。

削减措施：优化压井液体系，防止切割点以下管柱被埋。

（2）下部管柱被埋的风险。

削减措施：压井液性能满足压井和套铣打捞的要求，钻具、修井工具在井内不允许有静止工况，必须是转动、上下活动、开泵正反大排量循环等其他措施，充分循环压井液，确保不发生严重沉淀。

（3）压井过程中憋破外层技术套管或套管头的风险。

削减措施：注意控制泵压和排量，尽量平稳。

（4）压井过程中 B 环空上下沟通的风险。

削减措施：注意控制泵压和排量，尽量保持平稳，严密监控 B 环空压力。

（5）套铣、打捞封隔器及射孔枪串存在卡钻风险。

削减措施：勤上提下放，每套铣2～3趟钻后，大排量正反循环压井液，下到位先大排量正反循环压井液，出口压井液过140目的振动筛，确保压井液性能稳定。

（6）钻水泥塞、桥塞卡钻风险。

削减措施：每钻磨一根单根，要充分大排量正循环压井液及时带出钻屑，返出的压井液要过140目的振动筛过滤，保持压井液性能的稳定。

（7）套铣打捞封隔器及射孔枪串、钻水泥塞期间存在溢流、井喷、井漏的风险。

削减措施：

① 现场根据实际情况及时调整压井液密度，确保压井液密度和性能满足压井、修井的要求；

② 按井控细则实施压井操作，起钻前做好气的上窜速度计算，把液面保持在井口；钻通水泥塞时要注意压井液液面的变化情况，避免水泥塞钻通，下部压力上窜导致溢流；

③ 发现溢流立即停止作业、关井。

（8）套铣打捞工具落井风险。

削减措施：进行三方认证，按要求连接好工具，控制好各项参数，发现参数异常立即停止作业，查明原因或起钻检查。

5　作业情况

5.1　压井、换装井口

利用挤压井控制关井技术进行施工，施工过程如下：

配制密度1.92g/cm³压井液210m³，漏斗黏度78s，初切力2.5Pa，终切力8.5Pa；连接管线并试压90MPa，试压合格后，反挤密度为1.10g/cm³的污水27m³，泵压43.6～60.8MPa，排量0.5～0.1m³/min，油压42.1～58.3MPa；反挤密度为1.04g/cm³、漏斗黏度为100s的隔离液5m³，泵压52.8～55.8MPa，排量0.4～0.8m³/min，油压52.3～55MPa；反挤密度为1.92g/cm³的压井液63m³，泵压54.3～60MPa，排量0.5～1.0m³/min，油压53.6～61MPa。

正挤密度1.04g/cm³、漏斗黏度为100s的隔离液5m³，泵压41.5～57.2MPa，排量0.5～0.8m³/min，套压10.4～25.5MPa；正挤密度为1.92g/cm³的压井液25m³，泵压30.8～57.0MPa，排量0.8m³/min，套压23.2～25.4MPa，停泵测压降，油压由15.8MPa降至2.7MPa，A套压力由24.1MPa降至6.1MPa；关井静止观察，油压不变，A套压力微涨至6.4MPa，B套压力4.3MPa，C套压力由30.5MPa上升至33MPa。

反循环密度为1.95g/cm³的压井液（漏斗黏度82s，初切2.5Pa，终切7.5Pa）至进出口液性能一致，泵压4.5～11.7MPa，排量0.4～0.5m³/min，控制回压0～3MPa，循环过程中漏失压井液27m³。

切割油管,切割位置 4261.93m（遇阻位置）,开井观察,液面位置 60～67m;反循环密度为 1.95g/cm³ 的压井液（漏斗黏度 78s,初切 2.5Pa,终切 7Pa）至进出口液性能一致,泵压 13MPa,排量 0.54m³/min,漏失压井液 4.1m³,累计漏失压井液 31.1m³,停泵开井观察,出口无外溢,液面稳定在井口。

换装井口,对环形试压 49MPa/30min 不降合格,对 3 $\frac{1}{2}$in 双闸板上半封、下半封分别试压 105MPa/30min 不降合格。正循环密度为 1.95g/cm³ 的压井液（漏斗黏度 82s,初切 2.5Pa,终切 8Pa）,泵压 9～12MPa,排量 0.48～0.54m³/min,返出压井液密度 1.92～1.95g/cm³。

5.2　起甩原井油管

起原井油管发现第 441 根油管断裂,断口距离接箍 0.53m（图 1.13）,计算井深 4272.3m,断油管内外壁结垢严重,垢硬度较高。

落鱼结构（自上而下）:3 $\frac{1}{2}$in FOX 油管 38 根 + 上提升短节 1 根 +7inTHT 封隔器 1 只 + 磨铣延伸管 1 根 +3 $\frac{1}{2}$in 短油管 1 根 + 下提升短节 1 根 +3 $\frac{1}{2}$in FOX 油管 21 根 + 校深短节 1 根 +3 $\frac{1}{2}$in FOX 油管 2 根 +CCS 球座 1 只 +3 $\frac{1}{2}$in FOX 生产筛管 2 根 + 带十字叉变扣 1 只 + 减振器 2 个 + 上延时引爆器 1 个 + 安全枪 1 个 + 射孔枪 79 根 + 下延时引爆器 1 个 + 枪尾 1 只。落鱼总长 937.60m。

基本施工工序:

（1）倒扣打捞 THT 封隔器上部油管;

（2）套铣或钻磨 THT 封隔器;

（3）打捞封隔器残体及射孔枪。

图 1.13　断油管

5.3　打捞落鱼

5.3.1　第一趟钻:下 ϕ143mm 篮式卡瓦打捞筒打捞落鱼

组下工具:ϕ143mm 篮式卡瓦打捞筒（ϕ86mm 卡瓦 + ϕ91mm 止退环,如图 1.14 所示）。作业目的:倒扣打捞 7inTHT 封隔器上部油管落鱼。

井下落鱼描述（自上而下）:3 $\frac{1}{2}$in FOX 油管 38 根 + 上提升短节 1 根 +7inTHT 封隔器 1 只 + 磨铣延伸管 1 根 +3 $\frac{1}{2}$in 短油管 1 根 + 下提升短节 1 根 +3 $\frac{1}{2}$in FOX 油管 21 根 + 校深短节 1 根 +3 $\frac{1}{2}$in FOX 油管 2 根 +CCS 球座 1 只 +3 $\frac{1}{2}$in FOX 生产筛管 2 根 + 带十字叉变扣 1 只 + 减振器 2 个 + 上延时引爆器 1 个 + 安全枪 1 个 + 射孔枪 79 根 + 下延时引爆器 1 个 + 枪尾 1 只,计算鱼顶深度 4272.30m。

图 1.14 φ143mm 篮式卡瓦打捞筒

图 1.15 不规则油管断裂口

打捞过程：下钻探鱼顶至 4274.60m 遇阻，加压 2tf❶ 打捞，深度不变，泵压不变，现象表明未入鱼，分析认为鱼头结垢严重使打捞工具无法入鱼，决定开转盘铣鱼顶 10min，钻压 0.5～1tf，转速 20r/min，泵压 12MPa，排量 0.48m³/min，下放钻具加压 5tf，上提管柱悬重在 80tf 至 110tf 之间变动，判断捞获落鱼，上提钻具至 85tf，反转 25 圈，悬重由 85tf 下降至 84tf，倒扣成功，循环后起钻。

打捞结果及分析：捞获 3 $\frac{1}{2}$in 油管 16 根，最后一根油管带母接箍，捞获出的鱼头为不规则油管断裂口（图 1.15），管体内壁结垢较多，这是造成本次打捞不好入鱼的原因。

5.3.2 第二趟钻：下 φ143mm 篮式卡瓦打捞筒打捞落鱼

组下工具：φ143mm 篮式卡瓦打捞筒（φ86mm 卡瓦 +φ91mm 止退环）。

作业目的：倒扣打捞 7inTHT 封隔器上部油管落鱼。

井下落鱼描述（自上而下）：3 $\frac{1}{2}$in FOX 油管 22 根 + 上提升短节 1 根 +7inTHT 封隔器 1 只 + 磨铣延伸管 1 根 +3 $\frac{1}{2}$in 短油管 1 根 + 下提升短节 1 根 +3 $\frac{1}{2}$in FOX 油管 21 根 + 校深短节 1 根 +3 $\frac{1}{2}$in FOX 油管 2 根 +CCS 球座 1 只 +3 $\frac{1}{2}$in FOX 生产筛管 2 根 + 带十字叉变扣 1 只 + 减振器 2 个 + 上延时引爆器 1 个 + 安全枪 1 个 + 射孔枪 79 根 + 下延时引爆器 1 个 + 枪尾 1 只，计算下部鱼顶深度为 4426.49m。

打捞过程及结果：下打捞管柱至井深 4428.53m 遇阻，加压 1tf，试提悬重由 85tf 增至 90tf，然后降至 85tf，下放钻具加压 4tf，上提管柱悬重由 85tf 增至 105tf，判断已捞获落鱼，上提钻具至 87tf，反转 30 圈，倒扣成功，循环后起钻，捞获 3 $\frac{1}{2}$in 油管 5 根，最后一根油管带出母接箍。

---

❶ tf: 吨力，1tf=9.80665×10³N

5.3.3 第三趟钻:下 ϕ143mm 篮式卡瓦打捞筒打捞落鱼

组下工具:ϕ143mm 篮式卡瓦打捞筒(ϕ86mm 卡瓦 +ϕ91mm 止退环)。

作业目的:倒扣打捞 7inTHT 封隔器上部油管落鱼。

井下落鱼描述(自上而下):3 $\frac{1}{2}$in FOX 油管 17 根 + 上提升短节 1 根 +7inTHT 封隔器 1 只 + 磨铣延伸管 1 根 +3 $\frac{1}{2}$in 短油管 1 根 + 下提升短节 1 根 +3 $\frac{1}{2}$in FOX 油管 21 根 + 校深短节 1 根 +3 $\frac{1}{2}$in FOX 油管 2 根 +CCS 球座 1 只 +3 $\frac{1}{2}$in FOX 生产筛管 2 根 + 带十字叉变扣 1 只 + 减振器 2 个 + 上延时引爆器 1 个 + 安全枪 1 个 + 射孔枪 79 根 + 下延时引爆器 1 个 + 枪尾 1 只,计算下部鱼顶深度为 4474.85m。

打捞过程及结果:下打捞管柱至井深 4476.2m 遇阻,加压 1～2tf 打捞,试提悬重由 85tf 增至 90tf,然后降至 85tf,下放钻具加压 4tf,上提管柱悬重在 85～115tf 之间变动,判断已捞获落鱼,上提钻具至 88tf,反转 25 圈,倒扣成功,试提悬重由 88tf 降至 86tf,循环 5.5h 后起钻,捞获 3 $\frac{1}{2}$in 油管 7 根,最后一根油管带出母接箍。

5.3.4 第四趟钻:下 ϕ143mm 篮式卡瓦打捞筒打捞落鱼

组下工具:ϕ143mm 篮式卡瓦打捞筒(ϕ86mm 卡瓦 +ϕ91mm 止退环)。

作业目的:倒扣打捞 7inTHT 封隔器上部油管落鱼。

井下落鱼描述(自上而下):3 $\frac{1}{2}$in FOX 油管 10 根 + 上提升短节 1 根 +7inTHT 封隔器 1 只 + 磨铣延伸管 1 根 +3 $\frac{1}{2}$in 短油管 1 根 + 下提升短节 1 根 +3 $\frac{1}{2}$in FOX 油管 21 根 + 校深短节 1 根 +3 $\frac{1}{2}$in FOX 油管 2 根 +CCS 球座 1 只 +3 $\frac{1}{2}$in FOX 生产筛管 2 根 + 带十字叉变扣 1 只 + 减振器 2 个 + 上延时引爆器 1 个 + 安全枪 1 个 + 射孔枪 79 根 + 下延时引爆器 1 个 + 枪尾 1 只,计算下部鱼顶深度为 4542.57m。

打捞过程及结果:下打捞管柱至井深 4544.40m 遇阻,加压 1tf 打捞,试提悬重由 85tf 增至 90tf,然后降至 85tf,下放钻具加压 3tf,上提管柱悬重在 85～115tf 之间变动,判断已捞获落鱼,反复活动 15 次,上提钻具悬重至 90tf,反转 20 圈,倒扣成功,试提悬重由 90tf 降至 86tf,循环观察,油套出口无液无气后起钻,捞获 3 $\frac{1}{2}$in 油管 6 根,最后一根油管带出母接箍。

5.3.5 第五趟钻:下 ϕ143mm 篮式卡瓦打捞筒打捞落鱼

组下工具:ϕ143mm 篮式卡瓦打捞筒(ϕ86mm 卡瓦 +ϕ91mm 止退环)。

作业目的:倒扣打捞 7inTHT 封隔器上部油管落鱼。

井下落鱼描述(自上而下):3 $\frac{1}{2}$in FOX 油管 4 根 + 上提升短节 1 根 +7inTHT 封隔器 1 只 + 磨铣延伸管 1 根 +3 $\frac{1}{2}$in 短油管 1 根 + 下提升短节 1 根 +3 $\frac{1}{2}$in FOX 油管 21 根 + 校深短节 1 根 +3 $\frac{1}{2}$in FOX 油管 2 根 +CCS 球座 1 只 +3 $\frac{1}{2}$in FOX 生产筛管 2 根 + 带十字叉变扣 1 只 + 减振器 2 个 + 上延时引爆器 1 个 + 安全枪 1 个 + 射孔枪 79 根 + 下延时引爆器 1 个 + 枪尾 1 只,计算下部鱼顶深度为 4600.62m。

打捞过程及结果：下打捞管柱至井深 4593m，冲洗鱼头后下探至井深 4602.4m 遇阻，加压 3tf 打捞，上提管柱悬重由 87tf 增至 110tf，然后降至 82tf，判断已捞获落鱼，反复活动 10 次，上提钻具至 90tf，反转 25 圈，倒扣成功，试提悬重由 90tf 降至 88tf，循环 5h 后起钻，捞获 3 $\frac{1}{2}$in 油管 1 根，最后一根油管带出母接箍。

5.3.6 第六趟钻：下 ϕ143mm 篮式卡瓦打捞筒打捞落鱼

组下工具：ϕ143mm 篮式卡瓦打捞筒（ϕ86mm 卡瓦 +ϕ91mm 止退环）。

作业目的：倒扣打捞 7inTHT 封隔器上部油管落鱼。

井下落鱼描述（自上而下）：3 $\frac{1}{2}$in FOX 油管 3 根 + 上提升短节 1 根 +7inTHT 封隔器 1 只 + 磨铣延伸管 1 根 +3 $\frac{1}{2}$in 短油管 1 根 + 下提升短节 1 根 +3 $\frac{1}{2}$in FOX 油管 21 根 + 校深短节 1 根 +3 $\frac{1}{2}$in FOX 油管 2 根 +CCS 球座 1 只 +3 $\frac{1}{2}$in FOX 生产筛管 2 根 + 带十字叉变扣 1 只 + 减振器 2 个 + 上延时引爆器 1 个 + 安全枪 1 个 + 射孔枪 79 根 + 下延时引爆器 1 个 + 枪尾 1 只，计算下部鱼顶深度为 4610.29m。

打捞过程及结果：下打捞管柱至井深 4612.30m 遇阻，加压 3tf 打捞，试提悬重由 92tf 升至 110tf，然后降至 85tf，判断已捞获落鱼，反复活动 10 次，上提钻具至 93tf，反转 20 圈，倒扣成功，试提悬重增加不明显，决定起钻，捞获 3 $\frac{1}{2}$in 油管 2 根，最后一根油管带出母接箍。检查捞获落鱼发现，距鱼顶 11cm 处有一圈被刺痕迹，一处油管本体被刺出一个约 1cm×3cm 的洞（图 1.16），计算该处深度为 4610.5m，初步分析该位置附近套管可能有刺漏。

图 1.16　刺漏的油管本体

5.3.7 第七趟钻：下 ϕ143mm 篮式卡瓦打捞筒打捞落鱼

组下工具：ϕ143mm 篮式卡瓦打捞筒（ϕ86mm 卡瓦 +ϕ91mm 止退环）。

作业目的：倒扣打捞 7inTHT 封隔器上部油管落鱼。

井下落鱼描述（自上而下）：3 $\frac{1}{2}$in FOX 油管 1 根 + 上提升短节 1 根 +7inTHT 封隔器 1

只 + 磨铣延伸管 1 根 +3 ¹/₂in 短油管 1 根 + 下提升短节 1 根 +3 ¹/₂in FOX 油管 21 根 + 校深短节 1 根 +3 ¹/₂in FOX 油管 2 根 +CCS 球座 1 只 +3 ¹/₂in FOX 生产筛管 2 根 + 带十字叉变扣 1 只 + 减振器 2 个 + 上延时引爆器 1 个 + 安全枪 1 个 + 射孔枪 79 根 + 下延时引爆器 1 个 + 枪尾 1 只,计算下该处深度为 4610.5m。

打捞过程及结果:下打捞管柱至井深 4631.50m 遇阻,加压 3tf 打捞,试提悬重由 93tf 升至 110tf,然后降至 90tf,判断已捞获落鱼,反复活动 8 次,上提钻具至 93.5tf,反转 25 圈,扭矩突然释放,倒扣成功,试提悬重增加不明显,决定起钻,未捞获落鱼,检查卡瓦打捞筒完好,无明显入鱼痕迹,引筒内壁有块状稠压井液(图 1.17),结合上趟落鱼被刺痕迹分析,该处套管可能有刺漏导致内壁有结垢现象,当卡瓦捞筒下至鱼顶时遇卡,造成本次打捞未捞获,下步决定更换卡瓦捞筒,打捞时先清理环空再进行打捞。

图 1.17　卡瓦打捞筒内壁的块状稠压井液

5.3.8　第八趟钻:下 φ143mm 篮式卡瓦打捞筒打捞落鱼

组下工具:φ143mm 篮式卡瓦打捞筒(φ86mm 卡瓦 +φ91mm 止退环)。

作业目的:倒扣打捞 7inTHT 封隔器上部油管落鱼。

井下落鱼描述(自上而下):3 ¹/₂in FOX 油管 1 根 + 上提升短节 1 根 +7inTHT 封隔器 1 只 + 磨铣延伸管 1 根 +3 ¹/₂in 短油管 1 根 + 下提升短节 1 根 +3 ¹/₂in FOX 油管 21 根 + 校深短节 1 根 +3 ¹/₂in FOX 油管 2 根 +CCS 球座 1 只 +3 ¹/₂in FOX 生产筛管 2 根 + 带十字叉变扣 1 只 + 减振器 2 个 + 上延时引爆器 1 个 + 安全枪 1 个 + 射孔枪 79 根 + 下延时引爆器 1 个 + 枪尾 1 只,计算下该处深度为 4610.5m。

打捞过程及结果:下打捞管柱至井深 4631.50m 遇阻 1tf(距离鱼头位置 0.56m),原悬重 93tf,上提至 115tf 未提开,控制悬重在 92~115tf 反复活动 7 次,未解卡,上提至 93tf,反转 10 圈,无扭矩,上提至 115tf,未解卡,下放至 95tf,反转 6 圈,扭矩突然释放,上提无阻卡,重复两次,效果一样,开泵冲洗鱼头,排量 0.54m³/min,泵压 16MPa,开转盘下放至井深 4631.50m 遇阻 1tf,上提无挂卡,停转盘下放至井深 4631.60m 遇阻 3tf 后,钻压突然下降至 0tf,上提钻具悬重由 90tf 上升至 105tf,然后又降至 92tf,反转 8 圈,扭矩突然释放,上提无挂卡,开转盘下放至井深 4631.90m,无遇阻,停转盘,停泵,下放至井深 4632.06m(到预计鱼顶位置)遇阻,加压 5tf,上提悬重由 115tf 降至 96tf,反转 16 圈未开,释放扭矩回转 15 圈,下放至 94tf,反转 17 圈,扭矩突然释放,上提悬重增加不明显,决定起钻,未捞获落鱼,检查卡瓦打捞筒完好,卡瓦无入鱼痕迹,引鞋的下端有明显的磨痕,分析套管内壁及环空内杂质仍然较多,导致卡瓦捞筒无法入鱼,决定先套铣后再打捞。

5.3.9　第九趟钻：下 ϕ145mm 高效铣鞋套铣

组下工具：ϕ145mm×117mm 高效铣鞋（图 1.18）+ϕ140mm 套铣筒 ×1 根。

作业目的：清理 7inTHT 封隔器上部油管环空及套铣封隔器。

井下落鱼描述（自上而下）：3 $\frac{1}{2}$in FOX 油管 1 根 + 上提升短节 1 根 +7inTHT 封隔器 1 只 + 磨铣延伸管 1 根 +3 $\frac{1}{2}$in 短油管 1 根 + 下提升短节 1 根 +3 $\frac{1}{2}$in FOX 油管 21 根 + 校深短节 1 根 +3 $\frac{1}{2}$in FOX 油管 2 根 +CCS 球座 1 只 +3 $\frac{1}{2}$in FOX 生产筛管 2 根 + 带十字叉变扣 1 只 + 减振器 2 个 + 上延时引爆器 1 个 + 安全枪 1 个 + 射孔枪 79 根 + 下延时引爆器 1 个 + 枪尾 1 只。

图 1.18　ϕ145mm×117mm 高效铣鞋

套铣及过程现象描述：下反扣套铣管柱至井深 4627m，开泵，开转盘下探至井深 4632.06m 遇阻，开始套铣，套铣井段 4632.06～4642.75m（封隔器上部），钻压 0.5～2tf，转速 20～30r/min，排量 0.48m³/min，泵压 13MPa，套铣进尺 10.69m，出口返出细砂约 0.5m³，漏失压井液 1.6m³。套铣封隔器至井深 4643.20m，套铣进尺 0.45m，钻压 1～2tf，转速 30～45r/min，排量 0.48m³/min，泵压 13～16MPa，出口返出少量铁屑及封隔器胶皮（图 1.19），漏失压井液 34.1m³，节流循环，排量 0.48m³/min，泵压 12～14MPa，点火焰高 5m 至自熄。套铣封隔器至井深 4643.28m，钻压 1～3tf，转速 30～45r/min，排量 0.48m³/min，泵压 12～14MPa，套铣进尺 0.08m，累计套铣封隔器进尺 0.53m。分析封隔器密封胶筒已破坏，决定起钻下步实施打捞。

图 1.19　返出的铁屑、封隔器胶皮

5.3.10　第十趟钻：下 ϕ143mm 篮式卡瓦打捞筒打捞落鱼

组下工具： ϕ143mm 篮式卡瓦打捞筒（ ϕ86mm 卡瓦 + ϕ91mm 止退环）。

作业目的：打捞 7inTHT 封隔器及上部油管落鱼。

井下落鱼描述（自上而下）：3 $\frac{1}{2}$in FOX 油管 1 根 + 上提升短节 1 根 +7inTHT 封隔器 1 只 + 磨铣延伸管 1 根 +3 $\frac{1}{2}$in 短油管 1 根 + 下提升短节 1 根 +3 $\frac{1}{2}$in FOX 油管 21 根 + 校深短节 1 根 +3 $\frac{1}{2}$in FOX 油管 2 根 +CCS 球座 1 只 +3 $\frac{1}{2}$in FOX 生产筛管 2 根 + 带十字叉变扣 1 只 + 减振器 2 个 + 上延时引爆器 1 个 + 安全枪 1 个 + 射孔枪 79 根 + 下延时引爆器 1 个 + 枪尾 1 只。

打捞过程及结果分析：下打捞管柱至井深 4632.06m 遇阻，原悬重 92tf，加压 4tf，上提至 105tf，分析已捞获落鱼，反复活动解卡无效（悬重范围 85～152tf），决定倒扣；上提至 105tf，反转 20 圈，悬重降至 95tf，上提挂卡 3～5tf，起打捞管柱（起钻过程中一直挂卡 8～12tf），检查发现封隔器上卡瓦及胶筒已全部套铣完，两根筛管沉砂堵塞，第 8 根油管接箍和 CCS 球座各带出封隔器下卡瓦片一块，大小 90mm×45mm×20mm，如图 1.20 所示，剩余 6 块卡瓦牙落井，计算下部鱼顶深度为 4897.2m，鱼头为上延时管（ ϕ93mmEUE），剩余落鱼长度 317.16m。

图 1.20　捞获落鱼情况

5.3.11　第十一趟钻：下 ϕ146mm 高强度母锥 + ϕ140mm 双捞杯打捞落鱼

组下工具： ϕ146mm 高强度母锥（打捞范围 91～132mm）+ ϕ140mm 双捞杯。

作业目的：打捞安全枪上接头（ ϕ127mm）。

井下落鱼描述（自上而下）：上延时管（ ϕ93mmEUEB）×0.3m+ 安全枪 1 个 ×1.46m+ 射孔枪 79 根 ×314.5m+ 下延时引爆器 1 个 ×0.75m+ 枪尾 1 只 ×0.15m，计算下部鱼顶深度为 4897.2m。

打捞过程及结果分析：下打捞管柱至井深4878.47m遇阻2~3tf，上提下放活动无效，开泵下冲至井深4897.1m遇阻3tf，反复活动无效，期间在井深4897.2m时扭矩5kN·m，释放扭矩后上提遇卡，上下活动（悬重范围95~125tf），开泵开转盘划眼至井深4897.64m，钻压2~4tf，泵压15MPa，排量0.48m³/min，转速15~30r/min，距计算鱼头深度差0.5m。

从划眼情况及引鱼情况分析，封隔器下卡瓦牙掉至安全枪与延时管之间环空，且从出口返出较多细砂分析鱼头上部沉砂较多，引鱼划眼无进尺，决定起钻检查，捞杯内带出封隔器胶筒压环一个，并带出少量铁屑（图1.21），检查母锥底部引鞋磨平，距离母锥底部0.17m处有一圈划痕。

图1.21 捞杯带出的封隔器胶筒压环

5.3.12 第十二趟钻：下 ϕ146mm 高强度母锥 +ϕ140mm 双捞杯打捞落鱼

组下工具：ϕ130mm 高强度母锥（打捞范围80~95mm）+ϕ140mm 双捞杯。

作业目的：打捞上延时引爆器延时管（ϕ93mm）。

井下落鱼描述（自上而下）：上延时管（ϕ93mmEUEB）×0.3m+ 安全枪1个 ×1.46m+ 射孔枪79根 ×314.5m+ 下延时引爆器1个 ×0.75m+ 枪尾1只 ×0.15m，计算下部鱼顶深度为4897.2m。

打捞过程及结果分析：下钻，开泵下探至井深4897.30m遇阻20kN（泵压由10MPa涨至15MPa），复探三次位置不变，循环压井液至进出口性能一致时，停泵开始打捞。下放钻具至井深4897.20m，造扣打捞，旋转下放加压1.5tf，反转9圈，扭矩5kN·m，释放扭矩回7圈，继续旋转下放加压至2.5tf，反转15圈，扭矩6 kN·m，释放扭矩回13圈，上提至105tf，下放至95tf，反转9圈，扭矩突然释放，上提无挂卡，悬重增加不明显，开泵验证，有憋泵现象，决定起钻。捞获上起爆器延时管，检查母锥，水眼内被压井液堵塞，母锥下端面有明显磨痕，延时管本体有5道明显卡瓦牙划痕（图1.22）。验证卡瓦牙堆积至鱼头上部位置，且安全枪环空有砂埋现象，决定下套铣母锥组合套铣后打捞。

图 1.22　高强度母锥捞出落鱼情况

5.3.13　第十三趟钻：下 ϕ146mm 组合套铣母锥 +ϕ140mm 双捞杯打捞落鱼

组下工具：ϕ146mm 组合套铣母锥（打捞范围 100～130mm，如图 1.23 所示）+ϕ140mm 双捞杯。

作业目的：打捞安全枪（ϕ127mm）。

井下落鱼描述（自上而下）：安全枪 1 个 ×1.46m+ 射孔枪 79 根 ×314.5m+ 下延时引爆器 1 个 ×0.75m+ 枪尾 1 只 ×0.15m，计算下部鱼顶深度为 4897.5m。

打捞过程及结果分析：下反扣套铣母锥管柱至井深 4897.5m 遇阻加压 2tf（距鱼顶 0.16m），循环洗井 4h 至进出口性能一致，漏失 2.5m³，泵压 14～15MPa，排量 0.48～0.54m³/min。套铣至井深 4897.75m，进尺 0.25m，钻压 0.5～2tf，转速 20～25r/min，排量 0.15～0.25m³/min，泵压 5～6MPa，停泵，旋转下放加压 0～3tf 造扣，扭矩上升至 7kN·m 停止造扣，释放扭矩回 21 圈，上提至 115tf 脱扣（原悬重 97tf），重复 3 次，旋转下放加压 0～4tf 造扣，扭矩上升至 7kN·m 停止造扣，释放扭矩回 23 圈，上提至 105tf 倒扣，反转 21 圈扭矩突然释放，悬重增加不明显,开泵验证有憋泵现象,决定起钻,未捞获落鱼,检查套铣母锥本体有多处划痕,铣鞋有一处长 4cm 缺口(图 1.24)。分析套铣组合母锥无法彻底清理鱼头,决定下大水眼高效磨鞋,清理鱼头后再进行打捞。

图 1.23　φ146mm 组合套铣母锥

图 1.24　套铣母锥本体被磨损

5.3.14　第十四趟钻:下 φ146mm 高效磨铣管柱

组下工具:φ146mm 高效磨鞋(图 1.25)+φ140mm 双捞杯。

作业目的:清理安全枪鱼头上部卡瓦牙及杂物。

图 1.25　套铣母锥本体被磨损

井下落鱼描述(自上而下):安全枪 1 个 ×1.46m+ 射孔枪 79 根 ×314.5m+ 下延时引爆器 1 个 ×0.75m+ 枪尾 1 只 ×0.15m,计算下部鱼顶深度为 4897.5m。

磨铣过程及结果分析:下钻磨管柱至井深 4896.6m 遇阻,加压 30kN,上下活动未通过,开泵,泵压 16MPa,排量 0.48m³/min,冲洗至 4897.8m 遇阻,加压 50kN,复探 3 次无位移,鱼顶深度 4897.8m。钻磨至井深 4897.93m,进尺 0.13m,钻压 2~4tf,泵压 13~15MPa,排量 0.42~0.48m³/min,转速 20~50r/min,反复钻磨无进尺,分析安全枪上接头已倒开,磨铣时安全枪上接头一起转动,导致磨铣无进尺,循环洗井过程中出口返出铁屑约 0.5kg。起钻磨管柱,检查磨鞋轻微磨损,磨鞋底部有一道划痕,捞杯中有少量铁屑(图 1.26)。

图 1.26 φ146mm 高效磨鞋起出后的情况及返出的铁屑

5.3.15 第十五趟钻：下组合套铣母锥 + 双捞杯打捞落鱼

组下工具：φ146mm 组合套铣母锥（打捞范围 100～130mm，如图 1.27 所示）+φ140mm 双捞杯。

作业目的：打捞安全枪及射孔枪组合（鱼头外径：φ127mm）。

井下落鱼描述（自上而下）：安全枪 1 个 ×1.46m+ 射孔枪 79 根 ×314.5m+ 下延时引爆器 1 个 ×0.75m+ 枪尾 1 只 ×0.15m，计算下部鱼顶深度为 4897.5m。

打捞过程及结果分析：下反扣套铣母锥打捞管柱至井深 4897m，循环洗井至进出口液性能一致，开泵下放钻具至井深 4897.9m 遇阻，加压 10kN，复探 2 次无变化，套铣至井深 4898.05m，进尺 0.15m。旋转下放逐渐加压至 50kN，释放扭矩回转 6 圈，上提悬重无明显变化，重复两次，结果相同，决定起钻，起出套铣母锥打捞管柱，检查套铣头轻微磨损，无明显入鱼痕迹，

图 1.27 φ146mm 组合套铣母锥

从两次套铣母锥打捞及磨铣情况分析，鱼头上部落物及环空内杂物使用打捞工具无法成功清理、打捞，决定使用专用大通径整体套铣管，彻底清理鱼头及环空后再进行打捞。

5.3.16 第十六趟钻：下 φ147mm 整体式套铣筒套铣

组下工具：φ147mm×133mm 整体式套铣筒（图 1.28）+φ140mm 双捞杯。

作业目的：彻底清理鱼头及环空。

井下落鱼描述（自上而下）：安全枪 1 个 ×1.46m+ 射孔枪 79 根 ×314.5m+ 下延时引爆器 1 个 ×0.75m+ 枪尾 1 只 ×0.15m，计算下部鱼顶深度为 4897.5m。

图 1.28　ϕ147mm×133mm 整体式套铣筒

套铣过程及结果分析：下反扣套铣管柱至井深 4896.6m 遇阻，加压 30kN，上下活动未通过。开泵冲洗至井深 4898.05m 遇阻，加压 10kN，复探 2 次无位移。套铣至井深 4899.50m，进尺 1.45m，钻压 5～20kN，泵压 15～16MPa，排量 0.42～0.48m³/min，转速 20～30r/min，压井液密度为 1.92g/cm³，漏斗黏度 64s，塑黏 53mPa·s，动切力 13Pa，静切力 3/11Pa。出口返出 0.4kg 铁屑，套铣筒有效长度 1.47m，分析套铣筒有效长度已套完，反复上提下放无遇阻挂卡现象，鱼头及环空已清理干净，循环洗井至进出口液性能一致后起钻，检查套铣头轻微磨损，铣筒外壁多道划痕。

5.3.17　第十七趟钻：下组合套铣母锥 + 双捞杯打捞落鱼

组下工具：ϕ146mm 组合套铣母锥（打捞范围 100～130mm）+ϕ140mm 双捞杯。

作业目的：打捞安全枪及射孔枪组合（鱼头外径：ϕ127mm）。

井下落鱼描述（自上而下）：安全枪 1 个 ×1.46m+ 射孔枪 79 根 ×314.5m+ 下延时引爆器 1 个 ×0.75m+ 枪尾 1 只 ×0.15m，计算下部鱼顶深度为 4897.5m。

打捞过程及结果分析：下反扣套铣母锥打捞管柱至井深 4897m，循环压井液洗井至进出口液性能一致，开泵下放钻具至井深 4898.10m 遇阻，加压 10kN，复探 2 次无变化，旋转下放逐渐加压至 60kN，释放扭矩回转 16 圈，上提悬重由 115tf 降至原悬重 97tf，下放复探遇阻位置深度减少 0.3m，判断已捞获落鱼，决定起钻，母锥捞获安全枪及射孔枪 3.3m，捞杯捞获残片 4 块，最大一块 65cm×12cm（图 1.29）。

5.3.18　第十八趟钻：下组合套铣母锥 + 双捞杯打捞落鱼

组下工具：ϕ146mm 组合套铣母锥（打捞范围 100～130mm）+ϕ140mm 双捞杯。

作业目的：打捞射孔枪组合（鱼头外径：ϕ127mm）。

井下落鱼描述（自上而下）：射孔枪 79 根 ×314.5m+ 下延时引爆器 1 个 ×0.75m+ 枪尾 1 只 ×0.15m，计算下部鱼顶深度为 4901.35m。

打捞过程及结果分析：下钻到位，开泵下放钻具至井深 4901.35m 遇阻，加压 10kN，复探 2 次无变化，套铣至井深 4901.55m，进尺 0.20m，钻压 0.5～1tf，转速 20r/min，排量 0.48m³/min，泵压 15MPa，开泵旋转下放逐渐加压至 5tf，扭矩 5kN·m，释放扭矩回转 13 圈，上提悬重无明显变化，旋转下放加压至 2tf，扭矩 5kN·m 突然释放，判断已捞获落鱼，决定起钻，起钻前 2 柱上提挂卡 3～5tf，后悬重恢复正常，此次捞获射孔枪 1 根 3.3m，母锥内有 2 块卡瓦片，大小为 90mm×45mm×20mm，母锥本体有多道划痕（图 1.30）。

图1.29 ϕ146mm组合套铣母锥
捞获落鱼情况

图1.30 ϕ146mm组合套铣母
锥捞获落鱼情况

5.3.19 第十九趟钻：下组合套铣母锥＋双捞杯打捞落鱼

组下工具：ϕ146mm组合套铣母锥（打捞范围100～130mm）+ϕ140mm双捞杯。

作业目的：打捞射孔枪组合。

井下落鱼描述（自上而下）：射孔枪78根×311.2m+下延时引爆器1个×0.75m+枪尾1只×0.15m，计算下部鱼顶深度为4904.65m。

打捞过程及结果分析：开泵下放打捞管柱至井深4905.03m遇阻，加压10kN（预计鱼头位置4904.65m），复探2次无变化，套铣至井深4905.20m，套铣进尺0.17m，有憋泵现象，分析鱼头为外径89mm安全枪，决定起钻，检查母锥轻微磨损。

5.3.20 第二十趟钻：下ϕ143mm篮式卡瓦打捞筒打捞落鱼

组下工具：ϕ143mm篮式卡瓦打捞筒（ϕ86mm卡瓦+ϕ91mm止退环）+安全接头+连续短节+ϕ120.6mm振击器。

作业目的：打捞射孔枪组合（鱼头外径：ϕ89mm）。

井下落鱼描述（自上而下）：射孔枪78根×307.9m+下延时引爆器1个×0.75m+枪尾1只×0.15m，计算下部鱼顶深度为4904.65m。

打捞过程及结果分析：下打捞管柱至井深4902m到位，开泵冲洗鱼头，停泵下放钻探鱼顶至4904.8m遇阻，加压50kN，试提悬重由97tf升至110tf，判断已捞获落鱼。悬重在80～155tf之间不间断活动，解卡无效（期间在上提悬重至132tf时振击器上击明显，而后振击器再未工作），决定倒扣。上提钻具至115tf，反转24圈，扭矩由7kN·m突然释放，倒扣成功，悬重增加不明显，决定起钻，检查捞获ϕ89mm安全枪1根共5.5m（图1.31）。

图 1.31　捞获 ϕ89mm 安全枪

至此,根据前面的打捞进度,预计打捞全部射孔枪耗时较长,成本高,同时井底剩余落鱼不会影响该井的产能,于是决定停止打捞作业,进行下步套管找漏、验漏施工作业。

5.4　套管找漏

5.4.1　测井仪找漏

(1)四十臂测井仪测套管质量。

下四十臂测井仪至井深 4800m,多臂井径臂值为零,无信号,CCL、GR正常。

(2)RBT 测井仪测固井质量。

下 RBT 测井仪,测井井段 4896～4610m,2530m～井口,现场解释结果:4896～4621m 胶结好,4621～4610m 胶结差,2550m～井口胶结中等。

(3)六十臂测井仪测套管质量。

管柱组合(自下而上): ϕ73mm 平式油管 ×50 根 + ϕ88.9mm 钻杆。

测井井段 :4895m～井口,现场解释结果:7in 套管井段 4622.7～4622.9m,存在环形腐蚀扩径,最大值 190mm,无法判断是否存在漏失;井段 4605.4～4507m 存在环形腐蚀扩径,最大值 160mm;其他井段套管良好,解释为一般腐蚀。

(4)电磁探伤测井。

解释结果 7in 套管发生纵向损伤(垂直于井眼),33 处套管均存在破损可能,其中 5 处较严重:2010.6～2035.2m(最薄处壁厚只剩约 4.6mm)、2062.5～2067.2m(最薄处壁厚只剩约5.8mm)、2072.7～2079.5m(最薄处壁厚只剩约 5.2mm)、4267.0～4297.0m(最薄处约 6mm)、4320.1～4328.2m(最薄处约 5mm)。

5.4.2　下封隔器套管正压找漏、验漏

打水泥塞（塞面 4650m，如图 1.32 所示）封堵产层并验封合格。

（1）第一次找漏、验漏。

坐封 7in RTTS 封隔器于 4605.08m，连接水泥车管线试压 40MPa，稳压 30min 压力不降，合格。水泥车正打压 30MPa，泵入压井液 0.15m³，稳压 30min 不降，泄压返吐压井液 0.15m³。结论：4605.08m 以下套管无漏点。

（2）第二次找漏、验漏。

上提封隔器解封，起钻坐封 7in RTTS 封隔器于 4253.31m，连接水泥车管线试压 40MPa，稳压 30min 压力不降，水泥车正打压 30MPa，泵入压井液 0.32m³，稳压 30min 不降，泄压返吐压井液 0.22m³，结论：4253.31m 以下套管无漏点。

（3）第三次找漏、验漏。

上提管柱解封封隔器，起钻坐封 7in RTTS 封隔器于 2084.63m，连接水泥车管线试压 40MPa，稳压 30min 压力不降。水泥车正打压 30MPa，泵入压

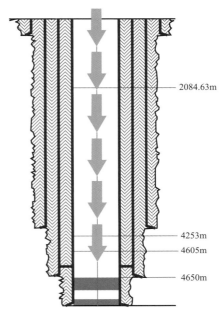

图 1.32　水泥塞位置

井液 0.72m³，稳压 30min 不降，泄压返吐压井液 0.6m³，结论：2084.63m 以下套管无漏点。

上提管柱解封封隔器，起钻，整个找漏过程 B、C、D 环空压力无变化。

5.4.3　5in MFE 跨隔测试负压验漏

（1）第一次下 5in MFE 跨隔测试负压验漏管柱。

管柱结构（自上而下）：ϕ88.9mm 钻杆 + 常闭阀 +RD 循环阀 +ϕ89mm 钻杆 6 根 + 监测压力计 1 只 +5inMFE+5in 裸眼旁通 + 电子压力计 1 只 +ϕ121mm 钻铤 4 根 + 机械压力计 1 只 +7in 剪销封隔器 + 重型筛管 1 根 +ϕ121mm 钻铤 9 根 + 安全接头 + 盲接头 +5in 裸眼旁通 +7in RTTS 封隔器 + 开槽尾管 + 机械压力计 1 只。

下 5in MFE 跨隔测试负压验漏管柱至井深 2093.02m，测试压差 24.901MPa，液垫为密度 1.92g/cm³ 的压井液，灌液垫高度为 635.09m，液垫体积为 2.458m³，掏空深度为 1323.16m，掏空体积 5.12m³，连接井口控制头及管汇并试压合格后，上提管柱 1.8m，正转 5 圈下放管柱，加压坐封 7in RTTS 封隔器于 2087.85m，7in 剪销封隔器封位 1998.48m（图 1.33）；延时 5min 开井，观察环空液面稳定，泡泡头无气泡显示，开井观察，环空液面稳定，泡泡头无气泡显示（观察期间 B、C、D 环空压力无变化），上提下放管柱井下关井，上提管柱解封封隔器，管柱内灌液 5.12m³，观察 30min 液面稳定。

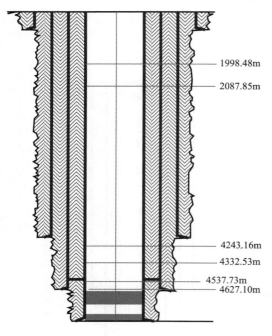

1998.48m

2087.85m

4243.16m

4332.53m

4537.73m
4627.10m

图 1.33　负压验漏示意图

下 5in MFE 跨隔测试负压验漏管柱至井深 4338.40m，测试压差 24.692MPa，液垫为密度 1.92g/cm³ 的压井液，灌液垫高度为 2890.86m，液垫体积为 11.188m³，掏空深度为 1310.27m，掏空体积为 5.071m³，连接井口控制头及管汇并试压合格后，上提管柱 2.5m，正转 8 圈下放管柱，加压坐封 7in RTTS 封隔器于 4332.53m；7in 剪销封隔器封位 4243.16m；延时 5min 开井，观察环空液面稳定，泡泡头无气泡显示，开井观察，环空液面稳定，泡泡头无气泡显示（观察期间 B、C、D 环空压力无变化）。

上提下放管柱井下关井，上提管柱解封封隔器，管柱内灌液 1m³，下 5in MFE 跨隔测试负压验漏管柱至设计位置 4633.17m，连接井口控制头及管汇，上提管柱 2.7m，正转 8 圈下放管柱，加压坐封 7in RTTS 封隔器封位 4627.10m；7in 剪销封隔器封位 4537.73m；延时 5min 开井，观察环空液面下降，泡泡头显示有微弱气泡，上提下放管柱井下关井，上提管柱解封封隔器，环空液面下降，起管柱至井深 4623.5m，环空间接灌液共 5.3m³，管柱内灌液 0.4m³，观察环空及管柱液面不降。环空打压 25MPa 打开 RD 循环阀，无明显压降，投 φ45mm 钢球，候球入座正打压 17MPa 打开常闭阀，正循环洗井，起 5in MFE 跨隔测试负压验漏管柱，7in RTTS 封隔器完好，7in 剪销封隔器上胶筒与下胶筒均有 1/3 磨损，其他工具完好。

（2）第二次下 5in MFE 跨隔测试负压验漏管柱。

管柱结构（自上而下）：φ88.9mm 钻杆 + 常闭阀 +RD 循环阀 +φ89mm 钻杆 6 根 + 上监测压力计 1 只 +5in MFE+5in 裸眼旁通 + 电子压力计 2 只 +φ121mm 钻铤 4 根 + 机械压力计 1 只 +7in 剪销封隔器 + 重型筛管 1 根 +φ121mm 钻铤 9 根 + 安全接头 + 盲接头 +5in 裸眼旁通 +7in RTTS 封隔器 + 开槽尾管 + 下监测压力计 2 只。

下 5in MFE 跨隔测试负压验漏管柱至井深 4635.38m，测试压差 27.539MPa，液垫为密度 1.92g/cm³ 的压井液，灌液垫高度为 3170.48m，液垫体积为 12.33m³，掏空深度为 1464.9m，掏空体积为 5.57m³，连接井口控制头及管汇并试压合格后，上提管柱 2.8m，正转 8 圈下放管柱，加压坐封 7in RTTS 封隔器于 4627.68m；7in 剪销封隔器封位 4538.08m；延时 5min 开井，观察环空液面下降，泡泡头显示气泡由弱变强；上提下放管柱井下关井，环空灌液 0.3m³，观察环空液面稳定；上提下放管柱再次开井，观察环空液面下降，泡泡头显示气泡由小变大；上提下放管柱井下关井，环空灌液 0.5m³，观察环空液面稳定。

上提管柱解封封隔器，上提管柱正转 8 圈下放管柱，加压坐封 7in RTTS 封隔器于

4630.04m，7in 剪销封隔器封位 4540.44m；延时 5min 开井，观察环空液面下降，泡泡头有气泡显示，上提下放管柱井下关井，环空灌液 0.8m³，观察环空液面稳定。

上提管柱解封封隔器，起管柱至井深 4549.19m，环空灌液 0.58m³，观察环空液面不降，上提管柱正转 8 圈下放管柱，加压坐封 7in RTTS 封隔器于 4544.29m；7in 剪销封隔器封位 4454.69m；延时 5min 开井，观察环空液面下降，泡泡头有气泡显示，上提下放管柱井下关井，环空灌液 0.9m³，观察环空液面稳定，环空打压打开 RD 循环阀，油管内泵入 2m³ 压井液，环空见返出，上提管柱解封封隔器，正循环洗井至进出口液性能一致，起 5in MFE 跨隔测试负压验漏管柱，7in RTTS 封隔器完好，7in 剪销封隔器上胶筒与下胶筒均有 1/3 磨损，其他工具完好。施工曲线如图 1.34 所示。

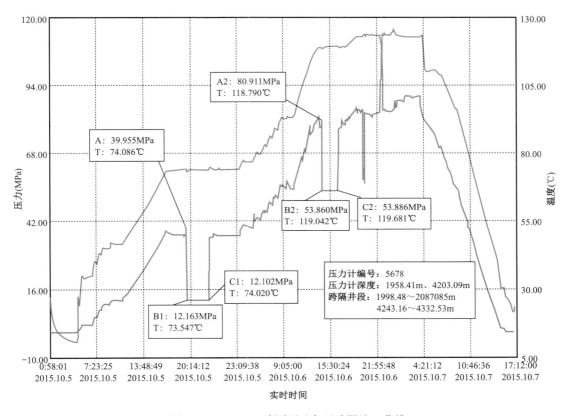

图 1.34　5in MFE 跨隔测试负压验漏施工曲线

5.4.4　5in MFE 常规测试负压验漏

（1）第一次下 5in MFE 常规测试负压验漏管柱。

管柱结构（自上而下）：ϕ88.9mm 钻杆 + 常闭阀 +RD 循环阀 +ϕ89mm 钻杆 3 根 + ϕ121mm 钻铤 4 根 + 监测机械压力计 1 只 +5in MFE+5in 裸眼旁通 + 电子压力计 2 支 + ϕ121mm 钻铤 9 根 + 上监测机械压力计 1 只 + 安全接头 + 7in RTTS 封隔器 + 开槽尾管 + 下

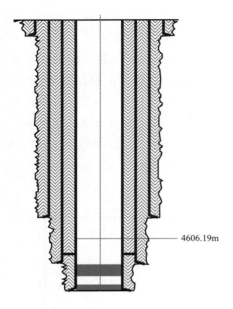

图 1.35　5in MFE 常规测试负压验漏封隔器坐封位置示意图

监测压力计 1 支。

下 5in MFE 常规测试负压验漏管柱至井深 4610.08m，每下 5 柱钻杆灌一次压井液液垫（入井钻具都通径）。连接井口控制头及管汇并试压合格后，上提管柱，加压坐封 7in RTTS 封隔器于 4606.19m（图 1.35）；延时 10min 开井，观察环空液面稳定，泡泡头无气泡显示，开井观察，环空液面稳定，泡泡头无气泡显示（观察期间 B、C、D 环空压力无变化），上提下放管柱井下关井，关井观察，环空液面稳定，泡泡头无气泡显示，管柱内灌液 5.7m³，环空打压 25MPa 打开 RD 循环阀，无压降显示，投 45mm 钢球，候球入座。连接方钻杆，上提管柱解封隔器，正打压 16MPa 打开常闭阀，正循环洗井至进出口液性能一致，起 5in MFE 常规测试负压验漏管柱，7in RTTS 封隔器及其他工具完好。施工曲线如图 1.36 所示。

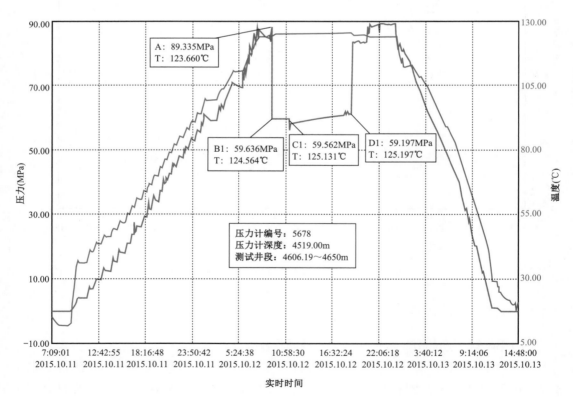

图 1.36　5inMFE 常规测试负压验漏施工记录

（2）第二次下 5in MFE 常规测试负压验漏管柱。

管柱结构（自上而下）：ϕ88.9mm 钻杆 + 常闭阀 +RD 循环阀 +ϕ89mm 钻杆 3 根 + ϕ121mm 钻铤 4 根 + 监测机械压力计 1 只 +5in MFE+5in 裸眼旁通 + 电子压力计 2 支 + ϕ121mm 钻铤 9 根 + 上监测机械压力计 1 只 + 安全接头 + 7in RTTS 封隔器 + 开槽尾管 + 下监测压力计 1 支。

下 5in MFE 常规测试负压验漏管柱至井深 1602.53m，测试压差 27.652MPa，液垫为密度 1.92g/cm³ 的压井液，液垫高度为 42.28m，液垫体积为 0.1m³，掏空深度为 1467.37m，掏空体积为 5.679m³（入井钻具都通径），连接井口控制头及管汇并试压合格后，上提管柱加压坐封 7in RTTS 封隔器封位 1599.14m，延时 5min 开井，观察环空液面稳定，泡泡头无气泡显示，开井观察，环空液面稳定，泡泡头无气泡显示（观察期间 B、C、D 环空压力无变化），上提管柱解封封隔器，管柱内灌液 5.679m³，环空打压 26MPa 打开 RD 循环阀，无压降显示，投 45mm 钢球，候球入座，正打压 17MPa 打开常闭阀，正循环洗井至进出口液性能一致，起 5in MFE 常规测试负压验漏管柱，7in RTTS 封隔器及其他工具完好（图 1.37）。施工曲线如图 1.38 所示。

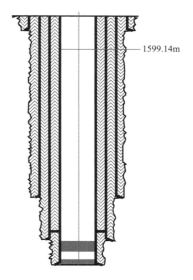

图 1.37 5in MFE 常规测试负压验漏封隔器坐封位置意图

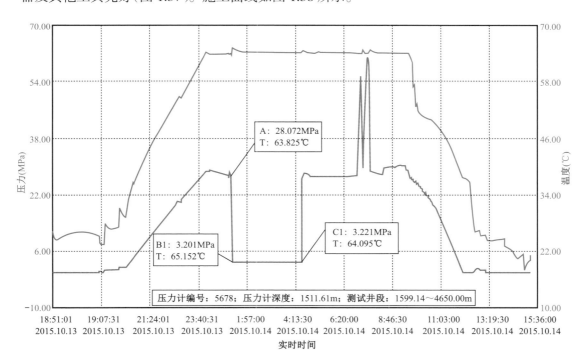

图 1.38 5in MFE 常规测试负压验漏施工记录

5.4.5 套管试压找漏

对 C 环空进行试压找漏作业：

井内管柱组合（自下而上）：ϕ146mm 五刀翼磨鞋 +ϕ121mm 钻铤 13 根 +ϕ88.9mm 钻杆（管柱下至井深 4650m）。观察 A 环空、水眼出口无液无气。C 环空泄压，压力由 13.5MPa 降至 2.5MPa，泵车连接管线试压合格后，对 C 环空第一次打压 38MPa，停泵关 C 环空压力降至 14.6MPa。C 环空泄压至 2.9MPa 后，第二次打压至 38MPa，停泵关 C 环空后压力降至 19.5MPa。C 环空泄压至 3.8MPa 后，第三次打压至 38MPa，停泵关 C 环空后压力降至 22.7MPa。C 环空泄压至 3.5MPa 后，C 环空第四次打压至 38MPa，停泵关 C 环空后，观察 C 环空压力降至 26.6MPa。

下光钻杆至井深 2500m，C 环空泄压至 3MPa 后，C 环空第一次打压至 38MPa，停泵关 C 环空后，观察压力降至 27.5MPa。C 环空泄压至 3MPa 后，C 环空第二次打压至 37.6MPa，停泵关 C 环空后，观察压力降至 29.4MPa。C 环空泄压至 3MPa 后，C 环空第三次打压至 38MPa，停泵关 C 环空后，观察压力降至 31.2MPa。敞井观察，A 环空、水眼稳定，液面在井口。C 环空泄压，压力由 1.2MPa 降至 1.1MPa，C 环空第四次打压至 38MPa，停泵关 C 环空后，观察压力降至 30.7MPa。C 环空泄压至 1.4MPa，C 环空第五次打压至 25.2MPa，观察 A 环空情况，整个打压过程 A 环空液面在井口，无响应。施工记录见表 1.7。

表 1.7　C 环空验漏施工记录

日期	时间	打入液量（清水，L）	C 环空打压（MPa）	观察时长（min）	压力变化（MPa）	C 环空泄压（MPa）	放出液量（L）	放出液密度（g/cm³）
2015.10.16	22:56–23:02	84	34～38 间反复打压	600	38 ↘ 14.8	14.6 ↘ 2.9	20.0	1.10
2015.10.17	12:35	196	2.9 ↗ 38.0	245	38 ↘ 19.5	19.5 ↘ 3.8	20.0	1.10
	20:00	184	3.8 ↗ 38.0	342	38 ↘ 22.7	22.7 ↘ 3.5	20.0	1.01
2015.10.18	2:47	162	3.5 ↗ 38.0	253	38 ↘ 26.6	26.2 ↘ 3.0	45.0	1.05
	12:00	128	3.0 ↗ 38.0	330	38 ↘ 27.5	27.5 ↘ 3.0	110.0	1.05
	20:00	125	3.0 ↗ 37.6	300	38 ↘ 29.4	29.4 ↘ 3.0	55.0	1.05
2015.10.18	2:30	103	3.0 ↗ 38.0	270	38 ↘ 31.3	31.3 ↘ 2.3	175.0	1.06
	13:30	127	2.3 ↗ 38.0	210	38 ↘ 26.2	26.2 ↘ 1.1	287.0	1.04～1.09
2015.10.19	9:00	350	1.1 ↗ 38.0	26	38 ↘ 30.7	30.7 ↘ 1.4	35.5	1.03

对 A 环空进行试压找漏作业：先对 A 环空打压 49.8MPa，C 环空压力由 25.2MPa 上升至 26.8MPa，稳压 30min 后，A 环空压力下降至 48.9MPa（期间 C 环空压力保持不变）；泄 A 环空压力至 0MPa，观察 C 环空下降至 24.5MPa。下钻塞管柱至井深 4650m；正循环压井

液,观察 C 环空由 24.5MPa 上升至 26.5MPa,关井,对 A 环空打压 40MPa,C 环空压力上升至 27.8MPa,关 A 环空憋压,泄 C 环空压力至 1.0MPa,观察 12h 发现,A 环空压力由 40MPa 降至 37.3MPa 后,缓慢上升至 38.6MPa,C 环空压力保持不变;泄 A 环空压力至 0MPa,C 环空压力上升至 8.6MPa,施工记录如图 1.39 所示。

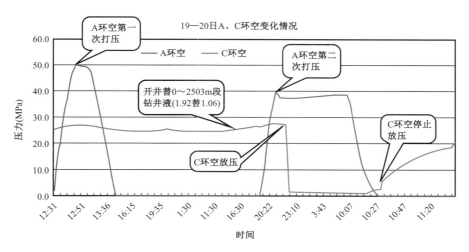

图 1.39　套管试压找漏施工记录

找漏结果分析:正、反试压均合格,表明 A 环空与 C 环空不连通或者通道连通不畅,可能是由于在修井作业过程中压井液漏失形成滤饼对漏失位置造成封堵导致,在不影响后期生产的情况下,采取直接下完井管柱的方式完井。

5.5　下完井管柱

(1)下刮壁管柱至井深 4909.8m(期间在井段 4510~4690m 反复刮壁三次)。

(2)按照设计的完井管柱结构配好管柱(图 1.40),完井管柱结构:油管挂 + 双公短节 +3 $\frac{1}{2}$in TN110Cr13S TSH563(9.52mm)油管 5 根 +3 $\frac{1}{2}$in 井下安全阀 +3 $\frac{1}{2}$in TN110Cr13S TSH563(9.52mm)油管 344 根 +3 $\frac{1}{2}$in TN110Cr13S TSH563(7.34mm)油管 110 根 +7inTHT 封隔器 +3 $\frac{1}{2}$in BT–S13Cr110BGT1(6.45mm)油管 22 根 +ϕ108mm 投捞式堵塞阀 +2 $\frac{7}{8}$in HP1–13Cr110FOX(5.51mm)短油管 1 根 +ϕ95mmPOP 球座。

(3)投球,油管打压坐封封隔器。

5.6　复产情况

用 8mm 油嘴放喷求产当日油压 59.39~60.51MPa,生产套压 36.72~38.79MPa,产油 29.8m³,产气 430260m³,A 环空压力 37.2~39.1MPa,B 环空压力 0MPa,C 环空压力 33.2~35.8MPa。次日地面关井,A 环空压力 29.1~27.3MPa,B 环空压力 0MPa,C 环空压力 32.9~23.1MPa,关井第二天,A 环空压力 28.9MPa,B 环空压力 0MPa,C 环空压力 19.9MPa。

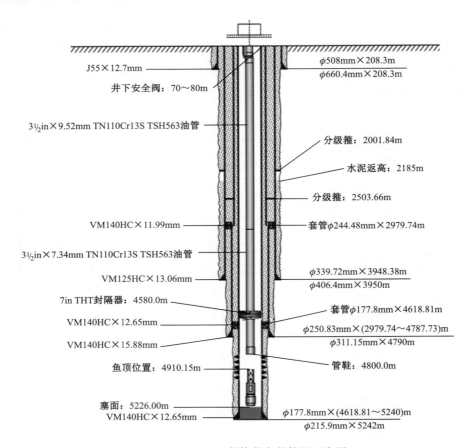

左侧标注（自上而下）：
J55×12.7mm
井下安全阀：70～80m
3½in×9.52mm TN110Cr13S TSH563油管
VM140HC×11.99mm
3½in×7.34mm TN110Cr13S TSH563油管
VM125HC×13.06mm
7in THT封隔器：4580.0m
VM140HC×12.65mm
VM140HC×15.88mm
鱼顶位置：4910.15m
塞面：5226.00m
VM140HC×12.65mm

右侧标注（自上而下）：
φ508mm×208.3m
φ660.4mm×208.3m
分级箍：2001.84m
水泥返高：2185m
分级箍：2503.66m
套管φ244.48mm×2979.74m
φ339.72mm×3948.38m
φ406.4mm×3950m
套管φ177.8mm×4618.81m
φ250.83mm×(2979.74～4787.73)m
φ311.15mm×4790m
管鞋：4800.0m
φ177.8mm×(4618.81～5240)m
φ215.9mm×5242m

图 1.40　XX2-22 井修井完井管柱示意图

交井生产后，该井油套压力均值分别为 51.4MPa、28.0MPa，平均日产油 38.7t，日产天然气 $46.3×10^4m^3$，该井顺利完井，在作业前油套及 A、C 环空连通，作业完后该井顺利投产，A、C 环空连通的安全隐患清除，正常投产后增产效果显著。

6　技术总结和认识

6.1　关于高压气井完井工艺上的思考

塔里木油田高压气井完井工艺中，射孔技术主要采用了正压射孔、负压射孔及全通径射孔等，特别是 5in 大管径负压射孔技术和高压/超高压全通径射孔技术的成熟应用，形成了塔里木油田特色的射孔技术。其中，负压射孔一次性完井工艺优势体现在：（1）充分保护储层免受二次伤害（特别是超高压气井高密度压井液射孔液二次污染更加严重），提高单井产量；（2）工艺流程相对简单，节约作业时间；（3）降低因压井液附着在油管壁对油管造成的潜在腐蚀（多井次油管失效案例已证实）；（4）不需单独使用射孔液，节省材料费用。

XX2 气田采气工程方案也主推负压射孔丢枪一次性完井工艺,但因该气田气井射孔井段跨距长达 300 多米,采用负压射孔一次性完井工艺需要较长的丢枪口袋,由于钻井成本较高,较长的丢枪口袋将增加钻井费用超过 1500 万元以上,同时该气田钻井难度非常大,钻井液密度窗口小,钻进过程中钻井液漏失量大(XX2-23 井漏失钻井液量高达 8487m³),特别是下部储层漏失情况更加严重,钻进安全风险极大,技术上难以实现,最终决定采用负压射孔(不丢枪)一次性完井工艺。

但负压射孔(不丢枪)一次性完井工艺对出砂严重的高压气井存在局限性:(1)限制生产过程中产气剖面等动态监测,同时由于射孔枪的存在,地层流体需通过生产筛管进入油管,可能导致生产过程中筛管堵塞(XX2 凝析气田部分井已证实);(2)无法实施分层改造作业。

在长期生产过程中,地层出砂造成射孔枪砂埋、砂卡严重时,长跨距射孔枪在砂埋后很难打捞,若使用"反扣钻具 + 反扣捞筒(母锥)"打捞,捞获落鱼后悬吊解卡无效,无法实现直接打捞;若采用倒扣打捞,由于枪与枪之间都是通过接头连接,在倒扣捞枪时耗时特别长,以本井为例,在 9 月 1 日至 9 月 17 日期间,倒扣累计捞出射孔枪 2 根(6.6m)、89 夹层枪 1 根(5.5m),剩余 77 根枪(含 77 个接头),继续打捞可能耗时一年之久。同时由于储层沟通性良好,每天漏失钻井液 1~4m³,累计漏失钻井液 341.2m³,若继续打捞钻井液损失巨大。因此,在能确保产量的情况下,可以不必将落鱼完全打捞。

过流筛管不适合于出砂严重的高压气井。受到不丢枪射孔的限制,完井采用在射孔枪上部下打孔油管(孔径 3~5mm)作为生产通道(图 1.41),从单井起出情况来看,大部分孔眼被堵塞(图 1.42)是造成单井生产过程中油压持续波动下降的直接原因,同时后期不得不利用过油管穿孔工艺实现再复产,原理与过流筛管类同,稳定时间较短,后期容易再次出现堵塞。

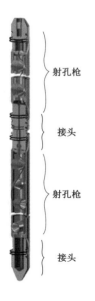

管柱	名称	内径(mm)	外径(mm)	上扣扣型	下扣扣型	数量	总长度(m)	下深(m)
	CCS球座	60.96/71.12	136.14	3¹/₂in FOX	3¹/₂in FOX	1	0.57	4736.87
	生产筛管	76	88.9	3¹/₂in FOX	3¹/₂in FOX	3	28.98	4765.85
	变扣	76	97	3¹/₂in FOX	3¹/₂in EUE	1	0.37	4766.22
	变扣	62	112	3¹/₂in EVE	2⁷/₈in EUE	1	0.14	4766.36
	减振器	48	102	2⁷/₈in EUE	2⁷/₈in EUE	1	2.2	4768.56
	变扣	62	88.9	2⁷/₈in EUE	2³/₈in TBG	1	0.11	4768.67
	上起爆器		102	2³/₈in TBG	枪扣	1	0.26	4768.93
	10min延时		102	枪扣	枪扣	1	0.41	4769.34
	安全枪		127	枪扣	枪扣	1	5.53	4774.87
	射孔枪		127	枪扣	枪扣		345	5119.87
	盲枪		127	枪扣	枪扣	1	0.46	5120.33
	10min延时		102	枪扣	枪扣	1	0.41	5120.74
	枪尾起爆器		102	枪扣	/	1	0.39	5121.13

图 1.41 射孔枪结构示意图及详细数据图

图 1.42　大部分孔眼被堵塞的过流筛管

　　负压射孔一次性完井工艺优势十分明显,建议进一步开展大尺寸全通径射孔枪研究,进一步解决负压射孔(不丢枪)一次性完井工艺的缺点,可考虑研究 5in 或 5 $\frac{1}{2}$in 的全通径射孔枪完井。

6.2　打捞作业总结及建议

6.2.1　打捞作业总结

　　XX2–22 井打捞落鱼共计 36 天,最终顺利地完成了本井的打捞施工。这取决于:

　　(1)精心组织,密切配合缩短施工周期。

　　根据该井实际需要提前组织外捞、内捞、套铣、磨铣等相关工具 50 余件到井,确保了在打捞施工过程中遇到复杂的情况时,有应对的工具,使施工衔接更加紧密,从而缩短了该井的施工周期。

　　(2)根据复杂情况组织特殊工具,确保施工顺利。

　　在打捞 ϕ127mm 安全枪时,因鱼头上部封隔器残片及下卡瓦牙沉淀物较多,且环空沉砂严重,在磨铣清理鱼头及两趟套铣母锥组合清理鱼头打捞无果后,通过加工 ϕ147mm 大通径整体式套铣筒(图 1.43),套铣清理鱼头后再实施打捞,确保了母锥打捞一次成功。

6.2.2　同类井施工建议

　　(1)在倒扣打捞该井 3 $\frac{1}{2}$in FOX 扣油管时,均将油管接箍带出,说明油管上扣扭矩比工厂端扭矩高,故后期在同类井打捞时,应适当多准备油管本体打捞工具,确保施工作业的连续性。

　　(2)该井使用的 7in THT 封隔器为可钻磨封隔器,在处理该类封隔器时应尽量避免套铣打捞封隔器,因套铣时不易将胶皮、封隔器卡瓦牙及残皮等彻底清理干净,同时,在打捞封隔

图 1.43 ϕ147mm×133mm 整体式套铣筒及捞获落鱼情况

器时胶皮、封隔器卡瓦牙及残皮等杂物易造成挂卡,甚至二次卡钻,且该类杂物散落掉入井内后堆积至鱼顶上部及环空,造成下步落鱼处理复杂。

6.3 高压气井套管找、堵漏技术亟待提升

当单井出现第一级安全屏障、第二级安全屏障失效引发外层套管出现压力异常时,修井工作往往先考虑套管的找漏堵漏工作,本井在出现 C 环空压力异常上升、与 A 环空相关性明显情况时,修井作业设计了找漏、堵漏施工,井筒内清理干净后,打水泥塞暂时封堵射孔段、探塞、验封合格,开展了验漏工作。(1)正压分段找漏:利用 RTTS 单封验漏管柱在套管内依次分段坐封,正打压 30MPa,稳压 30min 不降,未发现漏点,反打压 30MPa,稳压 30min 不降(期间观察 B、C、D 环空压力无变化),未发现漏点。(2)负压找漏:① 下 5in MFE 跨隔测试负压验漏管柱,分别对怀疑井段进行跨隔验漏,测试压差 27MPa,开井 2h 无流动(期间观察 B、C、D 环空压力无变化),未发现漏点;② 下 5in MFE 常规测试负压验漏管柱,对怀疑井段(尾管悬挂器处)进行负压验漏,测试压差 29MPa,开井 2h 无流动(期间观察 B、C、D 环空压力无变化);③ 下 5in MFE 常规测试负压验漏管柱,对上部井段进行负压验漏,测试压差 25MPa,开井 2h 无流动(期间观察 B、C、D 环空压力无变化),未发现漏点。用高压泵车向 C 环空反复打压至 38MPa,然后进行泄压(0～2503.3m 用密度 1.06g/m³ 的压井液替原井 1.92g/m³ 的压井液),累计泵入量 1.459m³,累计放出量 0.768m³,最后一次打压后关闭 C 环空,压力迅速上升至 24.6MPa。整个打压过程 A 环空液面在井口,无响应。对 A 环空进行打压,然后泄压,在 A 环空压力上升的过程中,C 环空压力也随之略有上升;随后对 A 环空进行泄压,C 环空压力也随之有所降低,但变化不明显,表明 A、C 环空相关性不强。

通过工程测井,发现套管以轻度腐蚀和一般腐蚀为主,36 处套管段发生纵向损伤(垂直于井眼),存在套管微裂缝渗漏的可能。

高压气井中,气体往往只需要很小的间隙(可能来自于套管螺纹、裂缝、悬挂器密封等)就可以发生窜漏,而高压气井的修井工作需要利用高密度压井液压井后施工,高密度压井液容易堵塞间隙,无法进行找漏和堵漏工作。其他区块同类井有鉴于本井的施工作业经验,在井筒内利用水泥塞封堵射孔段后,利用有机盐替换高密度压井液进行找漏,也无法测试出漏点。此外,国内外也有部分高级堵漏测漏仪器和材料,通过监测漏点处流体流动,根据反馈的曲线来判断漏点深度和大小,但是所有找漏前提是漏点较大,且能产生流动,而实际高压气井套管在生产中抗腐蚀性能、抗外力性能均满足现场要求,出现漏点也可能只是微裂缝或者螺纹产生的渗漏,对于渗漏小,漏点可能多的情况,在高密度压井液压井起原井管柱施工后,渗漏通道可能被高密度压井液堵塞,这也正是该井正、反找漏都无法找出漏点的原因,同样的堵漏施工也无法进一步实施。而有效的做法是重新下入可靠的完井管柱(下入前油管逐根探伤,下入过程进行气密封检测,检测压力范围介于地层压力与关井静压之间,不建议用油管抗压强度来确定检测压力,而应根据实际井筒压力来确定),建立第一级安全屏障,将可能出现的较大漏点暴露在封隔器以下,保障环空压力处于一个正常范围,从而修井工作得以成功。

6.4 油管断裂成因分析

该井发生断裂的油管为第 441 根,发生刺穿的油管为第 476 根,通过分析检测发现,断裂油管的化学成分符合厂家 JFE HP1–13Cr 油管的要求,力学性能满足 API Spec 5CT、ISO 13680 标准和塔里木油田订货补充技术条件的要求;油管断裂部位和未断裂部位的金相组织相同,无异常,均为回火马氏体。

6.4.1 油管断裂原因分析

该油管外表面有大量周向裂纹,从油管断口形貌看,断口呈不规则的台阶状,结合打开裂纹的源区呈现台阶状的特征形貌,可判断该油管属于多源起裂,裂纹源区位于油管外表面。从油管外表面的裂纹金相组织和电镜微观形貌可以看出,裂纹较为细小,裂纹呈现"树枝状",具有典型的应力腐蚀开裂特征(图 1.44)。

裂纹原始断口和打开裂纹的覆盖物能谱分析表明,P 元素始终存在且含量较高,S 元素主要分布在裂纹源区或延伸至扩展区,裂纹尖端无 S 元素存在,而 Cl 离子仅在裂纹极个别部位检测存在,且含量较低,结合上述对 P 和 S 元素来源的分析,可以判断该油管的开裂主要是由磷酸氢二钾环空保护液和聚磺钻井液在高温下分解的硫化氢共同作用导致的,根据各元素分布的广泛性及含量高低来看,磷酸氢二钾是导致应力腐蚀开裂的主要因素。油管串在井下受拉应力随着井深的增加而变小,而该断裂管段位于井深 4272.30m 处,非常靠近封隔器,其受的轴向拉伸应力相对较小或很小,但弯曲应力较大。如上所述,应力腐蚀开裂的必要条件之一是足够大的拉应力,应力腐蚀开裂发生的必要力学条件是最大应力强度因子大于门槛应力强度因子。结合断裂油管管体外表面磁粉探伤检测结果,裂纹最为密集的是 180° 方向。因此,判断导致该油管发生应力腐蚀开裂的力主要为弯曲应力。在打开的

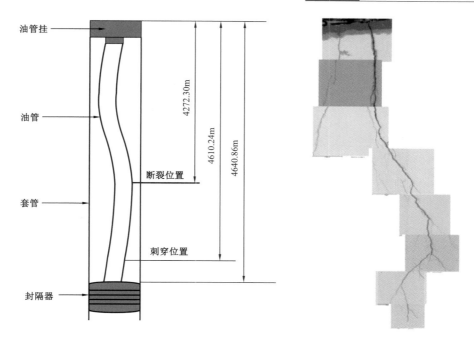

油管挂
油管
套管
封隔器

4272.30m
4610.24m
4640.86m

断裂位置
刺穿位置

图 1.44　油管断裂位置及断口形貌

裂纹扩展区和尖端发现了一定数量的平行二次裂纹,怀疑这些二次裂纹和腐蚀疲劳相关,由于油管柱在井下呈现弯曲状,在油管内高流速介质的流动下导致非对称状态下的油管柱发生周期性振动,从而产生交变载荷。

结合实验室测试分析结果及现场工况工艺,确定该油管的失效形式为应力腐蚀开裂,在裂纹扩展过程中伴随有腐蚀疲劳,裂纹起源于油管外表面,裂纹扩展方式为穿晶,导致油管应力腐蚀开裂失效的介质主要为完井液中的磷酸盐,其次可能是聚磺基钻井液分解形成的硫化氢。

6.4.2　油管刺穿机理分析

刺穿部位的井深为 4610.24m,位于封隔器(井深为 4640.86m)以上,距封隔器 30.62m,约为 3 根油管的长度。根据刺穿部位及左右两侧延伸部位有冲蚀的痕迹,可以判断油管有两种可能的刺穿机理(图 1.45)。

(1)油管从外壁刺穿到内壁。

油管从外壁刺穿到内壁的前提有两个:① B 环空固井质量存在一定的问题,为地层流体进入 B 环空提供了通道;② A 环空的生产套管壁上存在漏点,即地层流体通过 B 环空中的通道经过生产套管的漏点进入 A 环空,在地层压力和 A 环空压差的作用下高压冲蚀油管外表面,最终导致油管刺穿,支持该观点的直接证据就是油管外壁除了刺漏部位外,在冲蚀部位的倒"三角形"底边两侧有冲蚀穿透的痕迹。从壁厚的大小可以判断冲蚀流体的方向和油管冲蚀部位的倒"三角形"轴向成 30°～45° 夹角。

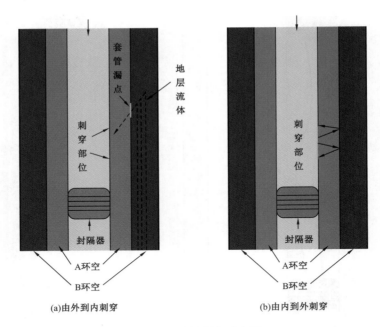

图 1.45　油管刺穿示意图

（2）油管从内壁刺穿到油管外壁。

油管从内壁刺穿到外壁的前提同样有两个：① 油管刺穿部位存在缺陷或者减薄，为发生刺穿提供了薄弱点；② 第 441 根油管未发生断裂，即断裂发生在刺穿之后，否则如果先断裂，即 A 环空和油管串通，油管内和 A 环空无压差，无法从内壁向外壁刺穿。对于该种假设存在三方面的问题：① 从第 441 根断裂油管表面的严重结垢和刺穿部位新鲜的金属表面来看，应该是先发生了断裂后发生了刺穿；② 从油管内壁的检测来看，仅存在轻微的腐蚀和非常细小的裂纹，这些缺陷远远达不到刺穿薄弱点的要求；③ 从油管内到外的刺穿，对于倒"三角形"底部两端延伸段的未刺穿冲蚀区域无法解释，一种可能的假设是从内到外的高压流体冲到 A 环空套管壁厚反射后冲击到油管外表面。

综合现场工艺、实验室检测，以及以上两种可能的冲蚀刺穿机理分析，认为第 476 根油管刺穿为从油管外壁到油管内壁，即 B 环空固井质量较差为地层流体提供了进入该环空的通道，同时 A 环空的生产套管壁存在漏点，最终地层流体由 B 环空中的通道经过生产套管的漏点进入 A 环空导致油管刺穿。

（3）最终完井情况。

最初设计完井封隔器坐封位置在 4635m，由于套管找漏工作未发现明显漏点，导致堵漏工作无法进行，为了避免后期生产过程出现的环空带压，现场决定将封隔器坐封位置上提至 4580m，封隔器坐封位置由原设计中的回接筒以下改到冲蚀点以上。通过加强管柱配置结构，提高油管管柱作为第一级安全屏障的可靠性，减轻了第二级屏障能力降低且无法找、堵漏情况带来的风险。

6.5 关键技术的推广应用

首次采用挤压井控制关井技术,并在该井成功应用。

本井在 2015 年 4 月 18 日 14:55 关井检修,发现 A、B、C 环空压力均快速上升,17:43 开井,A 环空最高涨至 67.5MPa,B 环空最高涨至 49.46MPa,C 环空最高涨至 58.35MPa,19:43 进行环空放压,B、C 环空放压放出气体均为可燃天然气。开井后油压、A、C 环空压力基本一致(均为 38MPa),造成现场无法关井,只能放大油嘴进行生产,同时该井还存在出砂问题,放大油嘴后出砂情况更加严重,现场每天需要关井快速检修油嘴,并派人 24 小时值守以防止意外关井,这给现场的人员、设备带来了极大的挑战,且临近作业区停车检修的期限、气井无法进站的矛盾又摆在眼前。

在前期出现类似井况时,传统的做法往往是上地面队,连接好地面流程后将生产流程倒入放喷流程,将天然气直接放喷烧掉,而新的《安全法》和《环保法》出台后不允许这种处置方式,而且持续放喷也造成了极大的资源浪费。

相较于传统方法,在现场采用了挤压井控制技术,即利用污水(密度相对于清水高,费用相对于有机盐低)直接对油管内、环空内进行挤压井作业,将井筒内的天然气成功推回到地层中后安全关井,虽然关井后受到气侵影响,井口压力会逐渐升高,但当压力涨至危险屏障警戒值时,再次组织挤压井作业,可以有效地保证环空异常井的井口安全。本井在突发异常后,累计组织挤压井 13 次(平均 4 天/次),安全关井 53 天。

7 取得的效益

(1)通过压井控制井口安全关井 53 天,减少 $2990 \times 10^4 m^3$ 天然气放空,减少凝析油排放 2596t;

(2)XX2-22 井修井投产后,一年累计产油约 $1.4 \times 10^4 t$,产气约为 $1.66 \times 10^8 m^3$。

(3)该井环空漏点诊断及挤压井技术,为高压气田环空异常井管理做出了补充,K501 井第一级安全屏障失效、第二级安全屏障减弱,B 环空压力超出套管头承压,利用 XX2-22 挤压井控制安全关井技术,现场组织用清水由套管—油管—套管大排量挤压井后,成功地将该井井口压力控制在安全范围,实现安全关井。

附件：XX2-22 井管柱配置及力学校核报告

1 各参数取值情况

（1）封隔器封位 4580.00m，管鞋下深 4800.00m，目的层中部位置 5051.00m。

（2）改造液体密度 1.05g/cm³，液体摩阻系数 0.35，入井温度 25℃，压力延伸梯度 0.021MPa/m。

（3）完井液采用 1.3g/cm³ 的有机盐。目前该井套管窜漏且 177.80mm 套管下入超过 6 年，腐蚀情况及承压能力不明；该井找漏过程中正压找漏井筒加压 30MPa 未发现漏点，井筒为密度 1.92g/cm³ 的压井液，完井后替为 1.3g/cm³ 的有机盐，按照封隔器坐封位置 4580m 计算，井口最大压力 58.4MPa，因此，计算中 A 环空压力最大不超过 50MPa。

（4）地温梯度 2.31℃/100m，地层压力 88MPa，日产气 30×10⁴m³。

（5）安全系数取值：三轴：1.5，抗内压：1.3，抗外挤：1.125，轴向：1.6。

2 管柱校核情况

（1）管柱配置。

ϕ88.9mm×9.52mm×3580m+ϕ88.9mm×7.34mm×1000m+ϕ88.9mm×6.45mm×220m，详系情况见表 1.8。

表 1.8　管柱配置表

88.90mm 生产油管管柱					
	深度（m）		管材		
	顶界	底界	外径（mm）	线重（kg/m）	钢级
1	0.00	3580.00	88.90	18.900	TN110Cr13S TSH563
2	3580.00	4580.00	88.90	15.179	TN110Cr13S TSH563
3	4580.00	4800.00	88.90	13.691	BT-S13Cr110 BGT1

油管组合及抗拉安全系数见表 1.9。

表 1.9　油管组合及抗拉安全系数表

管段	下深（m）	段长（m）	重量（kN）		抗拉安全系数	
			空气中	密度 1.95g/cm³ 试油工作液中	空气中	密度 1.95g/cm³ 试油工作液中
ϕ88.9mm×9.52mm	0～1000	3580	663.5376	501.1168	2.1379	2.8277
ϕ88.9mm×7.34mm	1000～3580	1000	148.8649	112.9245	8.0045	10.5437

管段	下深（m）	段长（m）	重量（kN）		抗拉安全系数	
			空气中	密度 1.95g/cm³ 试油工作液中	空气中	密度 1.95g/cm³ 试油工作液中
φ88.9mm×6.45mm	3580～4800	220	29.5357	22.5117	42.9223	56.3148
全井管柱	0～4800	4800	841.9382	636.5529	2.1300	2.8200

根据表 1.9 可知，全井管柱在空气中的抗拉安全系数在 2.13 以上，在密度 1.95g/cm³ 的试油工作液中的抗拉安全系数在 2.82 以上。

（2）WellCat 软件校核情况。

各工况下的安全系数分布如图 1.46 所示，参数取值及其最低安全系数详见表 1.10：

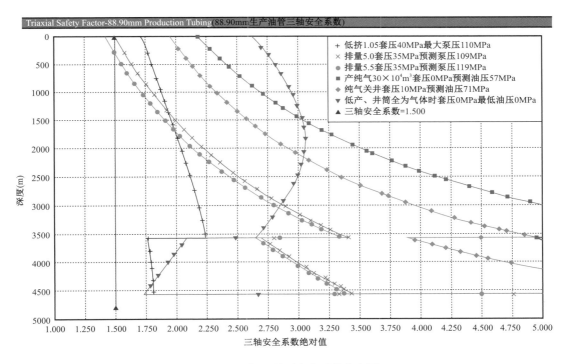

图 1.46　各工况下安全系数分布图

表 1.10　各工况下的参数取值及其最低安全系数表

工况	井口压力（MPa）	套压（MPa）	最低安全系数	薄弱点位置
低挤	110（泵压）	40	1.719	井口
排量 5.0m³/min	109（泵压）	35	1.505	井口
排量 5.5m³/min	119（泵压）	35	1.424	井口

工况	井口压力（MPa）	套压（MPa）	最低安全系数	薄弱点位置
产纯气 $30 \times 10^4 m^3/d$	57（油压）	0	2.187	井口
纯气关井	71（油压）	10	1.955	井口
生产后期	0（油压）	0	1.734	封隔器上部

注：压力延伸梯度按 0.021MPa/m，改造液体摩阻系数按 35% 计算。若改造作业时井口泵压比该参数低，则说明实际压力延伸梯度或摩阻系数比该计算值小，管柱安全性更高，反之则管柱安全性更低。

各段油管载荷控制图如图 1.47、图 1.48 所示：

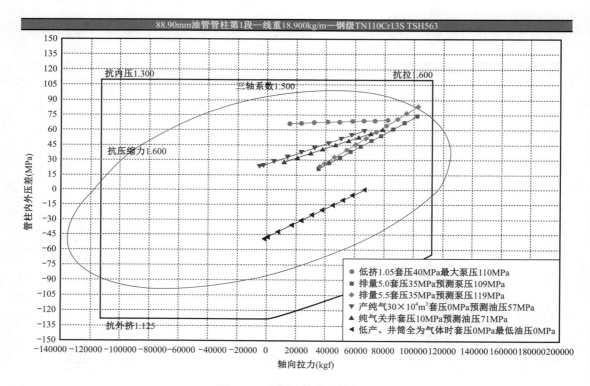

图 1.47　各段油管载荷控制图

（3）封隔器校核。

根据封隔器信封控制图可知，所有工况均在封隔器信封以内（图 1.49），封隔器详细受力数据见表 1.11、表 1.12：

校核结论：

低挤时，套压 40MPa，施工泵压 110MPa，管柱安全系数在 1.5 以上。

① 储层改造时，排量 5m³/min，套压 35MPa，预测泵压 109MPa，全井管柱安全系数在 1.5 以上；排量 5.5m³/min，套压 35MPa，预测泵压 119MPa，全井管柱安全系数不足 1.5。

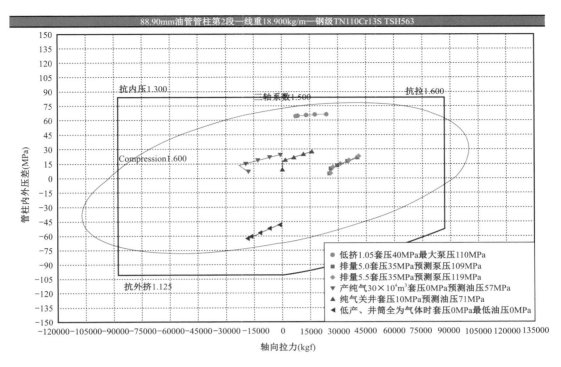

图 1.48　各段油管载荷控制图

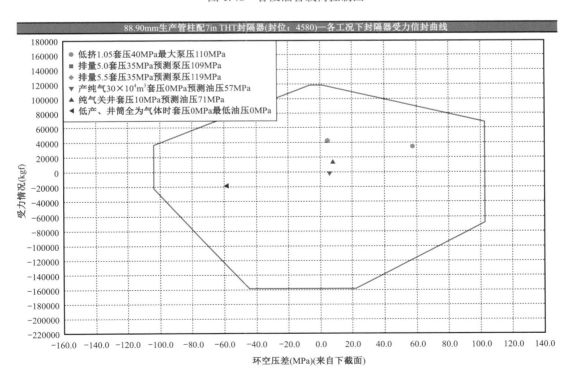

图 1.49　封隔器信封控制图

表 1.11 封隔器信封控制数据表

序号	载荷	受力 (kgf)	环空压差（MPa）
	88.90mm 生产管柱配 7in THT 封隔器(封位：4580.00m) —各工况下封隔器受力信封曲线		
1	低挤 1.05 套压 40MPa 最大泵压 110MPa	34286.6	58.23305
2	排量 5.0 套压 35MPa 预测泵压 109MPa	41825.0	4.65148
3	排量 5.5 套压 35MPa 预测泵压 119MPa	42503.5	4.82047
4	产纯气 $30 \times 10^4 m^3$ 套压 0MPa 预测油压 57MPa	−3055.0	5.81878
5	纯气关井套压 10MPa 预测油压 71MPa	13261.8	7.93752
6	低产、井筒全为气体时套压 0MPa 最低油压 0MPa	−19252.3	−58.38078
7			
8	（+/−）符号代表油管对封隔器的作用力方向		

表 1.12 封隔器受力数据表

序号	载荷	油管对封隔器的作用力（kgf）	轴向力		环空压力		温度（℃）	自锁力（kgf）	封隔器对油管的作用力（kgf）
			上部力（kgf）	下部力（kgf）	上部（MPa）	下部（MPa）			
	封隔器受力数据表—38.90mm 生产管柱配 7in THT 封隔器(封位：4580.00m)								
1	低挤 1.05 套压 40 最大泵压 110	−34286.6	6762.3	−24162.9	98.38419	156.61724	125.783	—	−105892.3
2	排量 5.0 套压 35 预测泵压 109	−41825.0	25052.9	−14571.4	98.17555	102.82703	40.224	—	−47544.6
3	排量 5.5 套压 35 预测泵压 119	−42503.5	25721.3	−14574.4	98.32848	103.14895	41.669	—	−48431.0
4	产纯气 $30 \times 10^4 m^3$ 套压 0 预测油压 57	3055.0	−13425.1	−8897.2	63.04548	68.86426	131.487	—	−4100.0
5	纯气关井套压 10 预测油压 71	−13261.8	47.1	−11422.8	75.84012	83.77764	126.446	—	−23022.0
6	低产、井筒全为气体时套压 0 最低油压 0	19252.3	−16287.9	2965.0	58.38078	0.00000	125.783	—	91039.5
7									
8	负向力是向上的								

② 产纯气（$30 \times 10^4 m^3/d$）时预测油压 57MPa，最低套压 0MPa；纯气关井时预测油压 71MPa，最低套压 10MPa；开采后期，套压 0MPa，最低油压 0MPa，全井管柱安全系数皆可达到 1.5 以上。

③ 各工况下封隔器载荷均在其信封曲线以内，封隔器安全。

④ 目前该井套管窜漏且 177.80mm 套管下入超过 6 年，腐蚀情况及承压能力不清楚。应先了解套管腐蚀情况及承压能力，为储层改造时平衡压力的确定提供依据。

通过 WELLCAT 软件计算，该管柱配置可以进行排量 5m³/min 的改造作业。

案例二　高压气井连续油管冲砂作业

1　作业背景

XX2-5 井于 2009 年 6 月 29 日投产,投产初期油压 84.23MPa,日产凝析油 41t,日产天然气 $54.7 \times 10^4 m^3$;2010 年 1 月,油压开始下降,4 月,油压下降到 70MPa 左右;2010 年 8 月 3 日关井检修开井后,油压在 68 天内出现过 3 次剧烈波动;2010 年 8 月 23 日油压降至 53MPa。

该井完井选用负压不丢枪一次射孔完井(设计考虑减少井底口袋深度,降低钻井成本,减少产层伤害和保障作业安全),封隔器与射孔枪之间采用 2 根 ϕ88.9mm×6.45mm 打孔筛管(10 孔/m,孔径 3mm)作为生产通道,初步判断井口油压剧烈波动降低是由于生产筛管堵塞造成的。2010 年 10 月 9 日至 13 日,对油管进行穿孔作业(地面打靶孔径 7mm),穿孔井段 4716.05～4718.08m。作业后油压恢复到 78MPa,作业初期效果显著,但仅维持两个月后,油压又开始波动,详细情况如图 2.1 所示。

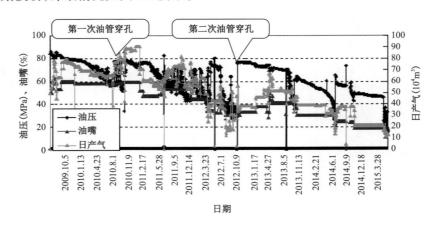

图 2.1　XX2-5 井开采曲线图

2011 年 4 月,油压开始急剧下降,并降至穿孔前状态;2011 年 6 月 27 日装置检修后开井,油压持续剧烈波动,2012 年 9 月 28 日油压降至 26.17MPa。2012 年 9 月 29 日至 10 月 1 日,再次对该井封隔器以下的油管进行穿孔作业,穿孔井段 4695～4699m、4700～4704m、4706～4710m,穿孔弹孔密 13 孔/m,孔径 10mm。穿孔后油压由 26.5MPa 升至 76.7MPa,并在较长一段时间内(11 个月)保持稳定;2013 年 8 月 16 日停产检修后开井,油压再次剧烈波动并快速下降;2014 年 6 月 1 日,油压出现拐点,降幅增大,产量持续降低。6 月 24 日,油压降至 21MPa，大幅活动油嘴后，油压突升至 65.6MPa；2014 年 11 月 7 日拆卸井口取样阀门发现其被砂堵死，井口取出的砂样如图 2.2 所示。

图 2.2　井口取样阀门处砂样

2015 年 4 月 29 日关井检修油嘴后，油压从 46.15MPa 降至 25.18MPa，活动油嘴效果较差；随后至 2015 年 5 月 26 日油压降至 15.36MPa 关井，从放喷火焰估算该井产量约（7～10）×$10^4 m^3/d$；8 月尝试开井，由于油压快速降落未能正常生产。

2016 年 3 月 26 日对该井进行静温静压梯度测试时，采用 $\phi42mm$ 通井导锥通井，在 3627m 处遇阻无法下入，结合该井前期情况，判断油管内可能存在沉砂堵塞，决定采用连续油管进行冲砂作业。

截至 2015 年 5 月 26 日关井，该井累产气 $10.83 \times 10^8 m^3$，累计产油 $9.04 \times 10^4 t$。2015 年 5 月 20 日至 5 月 26 日关井前生产数据见表 2.1。

表 2.1　XX2-5 井关井前生产数据表

日期	采油方式	油嘴开度	生产时间（h）	日产油（t）	日产水（t）	日产气（m³）	含水（%）	油压（MPa）	套压（MPa）	回压（MPa）	嘴后温度（℃）
2015.5.20	自喷	19%+34%	24	11	0	136710	0	19.06	40.13	11.25	47
2015.5.21	自喷	19%+34%	24	11	0	136710	0	18.23	40.73	11.24	46
2015.5.22	自喷	19%+34%	24	11	0	136710	0	17.95	41.15	11.26	45
2015.5.23	自喷	19%+34%	24	11	0	136710	0	16.95	40.99	11.25	44
2015.5.24	自喷	19%+34%	24	11	0	131072	0	15.28	40.98	11.29	43
2015.5.25	自喷	19%+34%	24	11	0	131072	0	15.36	41.24	11.27	42
2015.5.26	自喷	0%+0%	2	5	0	61440	0	70.01	41.73	0	19

1.1　基础资料

XX2 气田地层压力为 85.88MPa，折算压力系数 1.73。

1.1.1 井身结构及套管数据

XX2-5 井设计井深 5188.00m，完钻井深 5087.40m，人工井底 5073.00m。井身结构为：508mm 套管下深 0～197.24m；339.70mm 套管下深 0～3741.00m；244.50mm 套管下深 2941.68m；250.82mm 套管下深 2941.68～4712.30m；177.80mm 套管下深 0～4392.74m、4392.74～5085.40m，XX2-5 井井身结构如图 2.3 所示、套管数据见表 2.2。

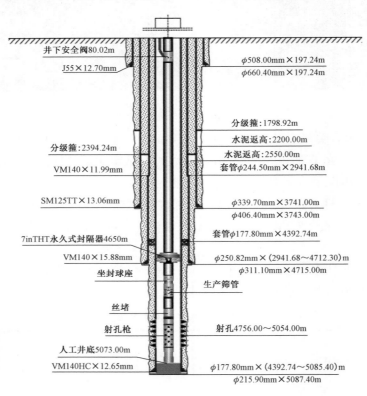

图 2.3　XX2-5 井井身结构示意图

表 2.2　XX2-5 井套管数据

公称尺寸（in）	公称尺寸（mm）	壁厚（mm）	内径（mm）	钢级	下深（m）	扣型	线重（kg/m）	抗拉（kN）	抗外挤（MPa）	抗内压（MPa）
20	508.00	12.70	482.60	J55	197.24	梯扣	156.15		5.29	15.97
13 $^3/_8$	339.70	13.06	313.61	SM125TT	3741.00	VAM-TOP	104.97		19.90	58.00
9 $^5/_8$	244.50	11.99	220.50	VM140HC	2941.68	VAM-TOP	68.50		53.92	82.81
9 $^7/_8$	250.82	15.17	220.49	VM140HC	2941.68～4712.30	VAM-TOP	91.64		97.91	106.94
7	177.80	12.65	152.50	VM140HC	4392.74～5085.40	VAM-TOP	50.96		117.63	120.18

1.1.2 井内管柱

井内管柱情况(自上而下):油管挂 + 双公短节 +ϕ88.9mm × 7.34mm S13Cr110 油管 2 根 + ϕ88.9mm × 7.34mm S13Cr110 调整短油管 +ϕ88.9mm × 7.34mm S13Cr110 油管 4 根 + 上提升短节 + 流量短节 + 井下安全阀 + 流量短节 + 下提升短节 +ϕ88.9mm × 7.34mm S13Cr110 油管 91 根 +ϕ88.9mm × 6.45mmS13Cr110 油管 382 根 + 上提升短节 +7inTHT 封隔器 + 磨铣延伸管 + 下提升短节 +ϕ88.9mm × 6.45mm S13Cr110 油管 6 根 +CCS 球座 +ϕ88.9mm × 6.45mm 生产筛管 2 根 +ϕ88.9mm × 6.45mm 油管 1 根 + 变扣接头 + 减振器 + 上起爆器 + 安全枪 + 射孔枪 + 延时起爆器 + 枪尾,详细情况如图 2.4 所示。

管柱	名称	内径(mm)	外径(mm)	上扣扣型	下扣扣型	数量	总长度(m)	下深(m)
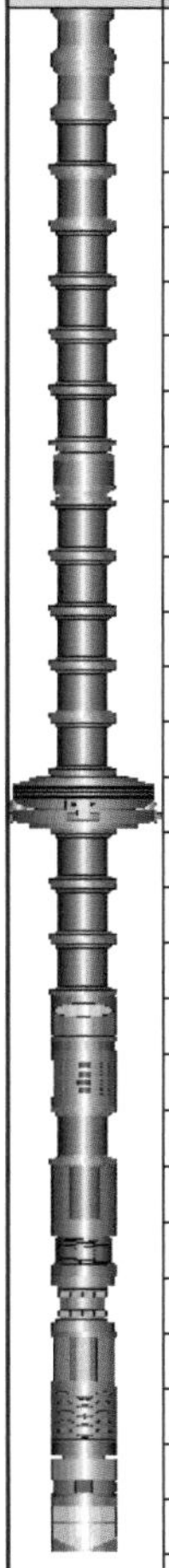	油管挂	74.00	273.00		$3\frac{1}{2}$ in FOX	1	0.27	8.41
	双公短节	74.22	88.90	$3\frac{1}{2}$ in FOX	$3\frac{1}{2}$ in FOX	1	0.86	9.27
	油管	74.22	88.9	$3\frac{1}{2}$ in FOX	$3\frac{1}{2}$ in FOX	2	19.36	28.63
	校深后管柱伸长量						3.04	31.67
	调整短油管	74.22	88.9	$3\frac{1}{2}$ in FOX	$3\frac{1}{2}$ in FOX	1	3.97	35.64
	油管	74.22	88.90	$3\frac{1}{2}$ in FOX	$3\frac{1}{2}$ in FOX	4	38.72	74.36
	上提升短节	74.22	88.90	$3\frac{1}{2}$ in FOX	$3\frac{1}{2}$ in FOX	1	2.00	76.36
	流量短节	73.15	105.41	$3\frac{1}{2}$ in FOX	$3\frac{1}{2}$ in FOX	1	1.75	78.11
	井下安全阀	68.33	148.84	$3\frac{1}{2}$ in FOX	$3\frac{1}{2}$ in FOX	1	1.91	80.02
	流量短节	73.15	105.41	$3\frac{1}{2}$ in FOX	$3\frac{1}{2}$ in FOX	1	1.75	81.77
	下提升短节	74.22	88.90	$3\frac{1}{2}$ in FOX	$3\frac{1}{2}$ in FOX	1	1.52	83.29
	油管	74.22	88.90	$3\frac{1}{2}$ in FOX	$3\frac{1}{2}$ in FOX	91	880.86	964.15
	油管	76.00	88.90	$3\frac{1}{2}$ in FOX	$3\frac{1}{2}$ in FOX	382	3693.10	4657.25
	上提升短节	76.00	88.90	$3\frac{1}{2}$ in FOX	$3\frac{1}{2}$ in FOX	1	1.98	4659.23
	THT永久封隔器	73.46	138.89	$3\frac{1}{2}$ in FOX	$3\frac{1}{2}$ in FOX	1	0.54 1.80	4659.77 4661.57
	磨铣延伸管	74.07	102.00	$3\frac{1}{2}$ in FOX	$3\frac{1}{2}$ in FOX	1	0.30	4661.87
	下提升短节	76.00	88.90	$3\frac{1}{2}$ in FOX	$3\frac{1}{2}$ in FOX	1	1.44	4663.31
	油管	76.00	88.90	$3\frac{1}{2}$ in FOX	$3\frac{1}{2}$ in FOX	6	58.08	4721.39
	CCS球座	60.96/71.12	136.14	$3\frac{1}{2}$ in FOX	$3\frac{1}{2}$ in FOX	1	0.57	4721.96
	生产筛管	76.00	88.90	$3\frac{1}{2}$ in FOX	$3\frac{1}{2}$ in FOX	2	19.18	4741.14
	油管	76.00	88.90	$3\frac{1}{2}$ in FOX	$3\frac{1}{2}$ in FOX	1	9.68	4750.82
	变扣接头	62.00	114.00	$3\frac{1}{2}$ in FOX	$2\frac{7}{8}$ in EUE	1	0.37	4751.19
	减振器	48.00	102.00	$2\frac{7}{8}$ in EUE	$2\frac{7}{8}$ in EUE	2	2.20	4753.39
	上起爆器	/	93.00	$2\frac{7}{8}$ in EUE	枪扣	1	0.55	4753.94
	安全枪	/	127.00	枪扣	枪扣	1	2.06	4756.00
	射孔枪	/	127.00	枪扣	枪扣	71	298.00	5054.00
	延时起爆器	/	102.00	枪扣	枪扣	1	0.70	5054.70
	枪尾	/	89.00	枪扣		1	0.15	5054.85
备注:								
封位附近套管接箍数据:上部4651.86m;下部4663.23m。油补:8.14m。								

图 2.4 XX2-5 井生产管柱示意图

1.1.3 油层测井解释数据、固井数据及射孔数据

XX2-5 井生产层位为古近系苏维依组 1 段($E_{1-2}s^1$)、2 段($E_{1-2}s^2$)、3 段($E_{1-2}s^3$)和库姆格列木群 1 段($E_{1-2}km^1$)、2 段($E_{1-2}km^2$),生产层段 4756.0~5054.0m,共 102.0m/31 层,测井解释成果及固井质量见表 2.3、表 2.4。

表 2.3 XX2-5 井测井解释及射孔数据表

层位	测井解释					已射孔情况		
	井段(m)		厚度(m)	孔隙度(%)	含油饱和度(%)	结论	射孔井段(m)	厚度(m)	孔密(孔/M)
	顶	底							
E	4747.00	4756.00	9.00	3.90		干层	4756~5054(31层)	102(31层)	16
	4756.00	4757.50	1.50	17.00	70.00	气层			
	4757.50	4759.90	2.40	4.60		干层			
	4760.00	4761.60	1.60	6.70	58.00	差气层			
	4761.60	4763.20	1.60	13.00	64.00	气层			
	4765.00	4766.70	1.70	7.40	51.00	差气层			
	4768.00	4778.60	10.60	12.50	65.00	气层			
	4779.30	4779.90	0.60	9.10	60.00	气层			
	4780.40	4781.30	0.90	13.90	70.00	气层			
	4782.00	4785.70	3.70	11.10	63.00	气层			
	4789.70	4791.00	1.30	9.50	57.00	气层			
	4792.80	4793.30	0.50	8.40	60.00	气层			
	4804.40	4806.50	2.10	6.60	57.00	差气层			
	4806.50	4809.40	2.90	4.80		干层			
	4809.40	4811.40	2.00	10.20	62.00	气层			
	4814.10	4814.80	0.70	6.80	54.00	差气层			
	4825.50	4830.00	4.50	4.30		干层			
	4835.50	4837.20	1.70	8.20	60.00	气层			
	4839.10	4839.70	0.60	6.40	56.00	差气层			
	4842.80	4845.10	2.30	9.20	62.00	气层			
	4846.50	4851.50	5.00	6.50	58.00	差气层			
	4859.10	4861.00	1.90	7.40	56.00	差气层			

续表

层位	测井解释						已射孔情况		
	井 段（m）		厚度（m）	孔隙度（%）	含油饱和度（%）	结论	射孔井段（m）	厚度（m）	孔密（孔/M）
	顶	底							
E	4861.00	4866.30	5.30	15.20	76.00	气层	4756～5054	102（31层）	16
	4866.30	4870.60	4.30	8.30	55.00	差气层			
	4870.60	4875.60	5.00	16.60	74.00	气层			
	4876.80	4881.70	4.90	14.10	72.00	气层			
	4892.10	4893.40	1.30	7.20	56.00	差气层			
	4896.10	4897.20	1.10	10.10	65.00	气层			
	4900.00	4900.70	0.70	7.90	64.00	差气层			
	4904.40	4923.10	18.70	14.00	71.00	气层			
	4935.70	4936.50	0.80	6.70	70.00	差气层			
	4939.30	4940.80	1.50	9.20	65.00	气层			
	4953.10	4954.90	1.80	7.80	56.00	差气层			
	4956.60	4958.30	1.70	10.50	70.00	气层			
	4981.30	4982.50	1.20	6.00	70.00	差气层			
	4983.60	4984.30	0.70	6.00	60.00	差气层			
	4986.20	4987.00	0.80	6.80	64.00	差气层			
	4989.50	4991.90	2.40	4.90		干层			
	4991.90	4992.50	0.60	6.50	62.00	差气层			
	4999.40	5000.60	1.20	7.90	65.00	差气层			
	5007.10	5007.70	0.60	6.40	59.00	差气层			
	5025.40	5028.20	2.80	6.80	62.00	差气层			
	5029.10	5033.40	4.30	7.90	61.00	差气层			
	5037.60	5038.40	0.80	7.10	70.00	差气层			
	5040.30	5042.60	2.30	7.30	68.00	差气层			
	5045.00	5046.90	1.90	7.80	66.00	差气层			
	5052.20	5053.90	1.70	7.90	67.00	差气层			
	5066.90	5071.40	4.50	14.10	75.00	气层			
合计	4747～5071		132					102	

表 2.4　套管固井质量评价表

250.82mm+244.47mm 套管					
井段（m）	固井质量	井段（m）	固井质量	井段（m）	固井质量
0～155.0	不合格	1307.0～1419.0	合格	1863.0～2009.0	不合格
155.0～160.0	合格	1419.0～1438.0	不合格	2009.0～2085.0	合格
160.0～926.0	不合格	1438.0～1443.0	合格	2085.0～3119.0	不合格
926.0～934.0	合格	1443.0～1491.0	不合格	3119.0～3145.0	合格
934.0～999.0	不合格	1491.0～1499.0	合格	3145.0～3180.0	不合格
999.0～1018.0	合格	1499.0～1534.0	不合格	3180.0～3231.0	合格
1018.0～1135.5	不合格	1534.0～1606.0	合格	3231.0～3811.0	不合格
1135.5～1139.5	合格	1606.0～1630.0	不合格	3811.0～3824.5	合格
1139.5～1250.0	不合格	1630.0～1636.0	合格	3824.5～4554.0	不合格
1250.0～1302.0	合格	1636.0～1758.0	不合格	4554.0～4570.0	合格
1302.0～1307.0	不合格	1758.0～1863.0	合格	4570.0～4700.0	不合格
177.80mm 套管					
井段（m）	固井质量	井段（m）	固井质量	井段（m）	固井质量
30.0～1504.0	不合格	2863.0～3348.0	不合格	4282.0～4308.0	不合格
1504.0～1513.0	合格	3348.0～3510.0	合格	4308.0～4323.0	合格
1513.0～1536.0	不合格	3510.0～3582.0	不合格	4323.0～4336.0	不合格
1536.0～1644.0	合格	3582.0～3674.0	合格	4336.0～4350.0	合格
1644.0～1682.0	不合格	3674.0～3686.0	不合格	4350.0～4358.0	不合格
1682.0～1782.0	合格	3686.0～4008.0	合格	4358.0～4402.0	合格
1782.0～1807.0	不合格	4008.0～4023.0	不合格	4402.0～5071.0	不合格
1807.0～2863.0	合格	4023.0～4282.0	合格		

1.1.4　流体性质

XX2-5 井未明显见地层水,水样分析数据为产出水分析(不确定为地层水),原油、天然气、产出水物性参数见表 2.5。

表 2.5 XX2-5 井流体物性参数表

原油物性参数表						
取样日期	20℃密度（g/cm³）	50℃动力黏度（mPa·s）	凝点（℃）	含蜡量（%）	胶质（%）	沥青质（%）	含硫（%）
2013.10.05	0.814	1.156	6	9.9	0.84	0	0.0689
天然气物性参数表						
取样日期	甲烷（%）	乙烷（%）	氮气（%）	二氧化碳（%）	H_2S（mg/m³）	相对密度	取样空气含量（%）
2013.10.05	89.2	7.3	0.763	0.311	0	0.6269	1.68
产出水物性参数表						
取样日期	水密度（g/cm³）	pH 值	氯离子（mg/L）	阴离子总量（mg/L）	阳离子总量（mg/L）	总矿化度（mg/L）	苏林分类（水型）
2015.03.06	1.0313	6.36	22400	23480	16120	39600	硫酸钠

2 修井作业方案

2.1 整体思路

因判断该井生产管柱堵塞严重,无法正常生产,直接采用大修作业的措施存在压井困难问题,根据现有的修井工艺,结合该井生产管柱完整性及井内沉砂情况分析,决定采用连续油管带压冲砂疏通生产管柱,解决生产管柱堵塞问题,恢复该井正常生产。后期再根据放喷求产的效果决定是否对封隔器与射孔枪之间油管进行穿孔。具体施工方案如下:

（1）利用密度为 1.09g/cm³ 的压井液半压井后,采用 2in 连续油管带解堵工具头循环冲砂解堵,清除减振器（4751.19m）以上管柱内的堵塞物,若循环冲砂遇阻且无进尺,则使用连续油管带钻磨工具进行疏通;

（2）疏通生产通道后,进行放喷测试求产;

（3）若放喷求产效果不理想,则讨论决定是否对封隔器与射孔枪之间的油管进行穿孔作业;

（4）若无法疏通生产通道或确认井内管柱变形导致无法疏通,则重新研究下步方案。

2.2 可行性论证

2.2.1 连续油管选择

该井井下安全阀内径 65mm（下深 80.20m）,CCS 球座内径 60mm（下深 4721.96m）,按设计要求需疏通管柱至 4751m,对比 1.5in、1.75in 及 2in 连续油管,连续油管越大,施工排量越高、摩阻越小、抗拉强度越高、安全余量越大,经模拟校核,1.5in 连续油管施工泵压超过 60MPa,而连续油管长时间在高压条件下作业安全风险较大;相较来说,1.75in 及 2in 连续油管均能满足本次作业条件。

本井选择采用厚壁、高钢级的 2in × 6588m HS110 变径连续油管进行作业(δ0.224 in × 793.00m+δ0.204in × 879.93m+δ0.190in × 931.78m+δ0.175in × 3981.70m,详细数据见表 2.6)。

表 2.6　2in 连续油管详细数据

序号	壁厚	长度（m）	安全抗拉强度 80%（kg）	安全抗内压 80%（MPa）
1	0.175in（4.45mm）	3981.70	32767	81.65
2	0.190in（4.83mm）	931.78	35271	87.72
3	0.204in（5.18mm）	879.93	37593	94.34
4	0.224in（5.69mm）	793.00	44155	102.30

2.2.2　冲砂液优选

（1）冲砂液配方:0.45% 稠化剂 +12.5%NaCl+0.4% 温度稳定剂。

（2）冲砂液基液性能:冲砂液密度为 1.09g/cm³,初始黏度为 57mPa·s,液体静置 1h 后黏度为 66mPa·s,静置 6h 后黏度为 66mPa·s,随静置时间黏度无变化(表 2.7)。

表 2.7　冲砂液配方的性能表

冲砂液配方	密度（g/cm³）	液体黏度（mPa·s）				
		加入盐前	加入盐即时	加入盐静置 1h	加入盐静置 2h	加入盐静置 6h
0.45% 稠化剂 +12.5%NaCl+ 0.4% 温度稳定剂	1.0900	108	57	66	66	66

（3）冲砂液的流变性能:110℃恒温 60min 时,液体最终黏度在 30mPa·s 左右(图 2.5),当温度升高至至 130℃时,冲砂液黏度稳定在 22.7mPa·s 左右(图 2.6),满足施工要求。

（4）冲砂液配方的陶粒沉降速率:在温度为 130℃的条件下,测得陶粒在流变剪切前、后的冲砂液中的沉降速率分别为 0.31cm/s、0.11cm/s(图 2.7),满足要求。

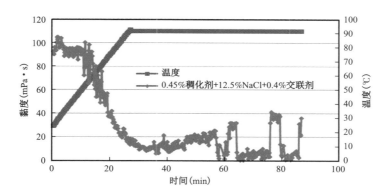

图 2.5　冲砂液配方的 110℃流变曲线

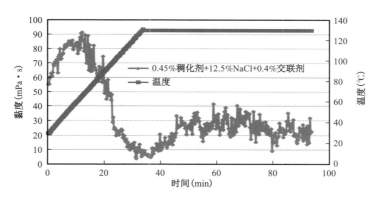

图 2.6　冲砂液配方的 130℃流变曲线

0.45%稠化剂+12.5%NaCl+0.4%温度
稳定剂剪切前,陶粒在基液中的
沉降速率为0.31cm/s

0.45%稠化剂+12.5%NaCl+0.4%温度
稳定剂流变剪切后,陶粒沉降
速率为0.11cm/s

图 2.7　冲砂液配方流变剪切前后的陶粒沉降速率

2.2.3　施工参数计算

（1）确定施工排量。

施工排量根据砂砾粒径、沉降速度及不同排量下冲砂液在环空的上返速度进行计算。

① 砂砾粒径及沉降速度。

根据砂砾粒径与沉降末速度关系图版（图 2.8）：砂砾粒径为 0.08in（2.03mm），井底液体黏度为 18mPa·s 时，其砂砾沉降末速度为 18ft/min（0.091m/s）；砂砾粒径在 0.12in（3.048mm），井底液体黏度在 18~20mPa·s 时，其砂砾沉降末速度为 22ft/min（0.112m/s）。

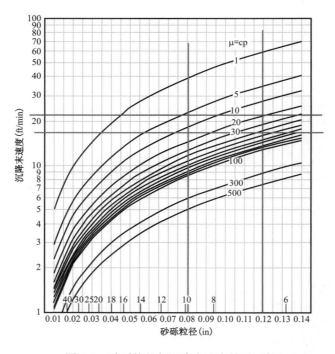

图 2.8　砂砾粒径与沉降末速度关系图版

6mm/8mm 石子在配好的冲砂液中于室温条件下进行沉降实验（图 2.9）：测得 6mm/8mm 石子在冲砂液中的沉降末速度分别为 0.11m/s、0.14m/s。

② 不同排量下环空中冲砂液的上返速度根据公式：$V = \dfrac{21.221 \times Q}{D-d}$ 计算。

式中　V——环空中冲砂液的上返速度，m/s；D——油管或套管内径，mm；d——连续油管外径，mm；Q——连续油管内排量，L/min。

确定施工排量：一般直井段要求环空上返速度是砂砾沉降末速度的 2 倍以上即可将砂砾有效携带出井筒，根据室内实验结果和模拟计算，从表 2.8 可以看出，当施工排量为 0.2m³/min 时，在 2in 的连续油管与内径为 ϕ76mm 的油管环空中冲砂液的上返速度远大于砂砾的沉降速度，施工中可以将井内沉砂冲出井筒。

图 2.9 6mm/8mm 石子的沉降实验

表 2.8 不同排量下环空上返速度计算

排量 （m³/min）	2.03mm 砂砾 沉降末速度 （m/s）	3.05mm 砂砾 沉降末速度 （m/s）	6mm/8mm 石子在冲砂 液中沉降速度（室温） （m/s）	连续油管与内径为 φ74mm 油管环空流速 （m/s）	连续油管与内径为 φ76mm 油管环空流速 （m/s）
0.13	0.091	0.106	0.11/0.14	0.95	0.86
0.15	0.091	0.106	0.11/0.14	1.10	0.99
0.16	0.091	0.106	0.11/0.14	1.17	1.06
0.17	0.091	0.106	0.11/0.14	1.24	1.13
0.18	0.091	0.106	0.11/0.14	1.32	1.19
0.20	0.091	0.106	0.11/0.14	1.47	1.33
0.22	0.091	0.106	0.11/0.14	1.61	1.46
0.25	0.091	0.106	0.11/0.14	1.83	1.66

（2）确定回压控制。

根据冲砂液高温流变剪切（160℃、170s^{-1}，剪切 2h）后的黏度不小于 18mPa·s，模拟现场工况（施工排量 0.2m³/min），计算出环空摩阻，从而确定不同下深的井口回压控制，详细数据见表 2.9。

表 2.9 连续油管下深不同的回压控制

地层压力 （MPa）	连续油 管下深 （m）	液体密度 （g/cm³）	静液柱压 力（MPa）	连续油管 内摩阻 （MPa）	环空 摩阻 （MPa）	井口回 压控制 （MPa）	预计泵压 （MPa）	说明
最大关 井压力 67MPa	500	1.09	5.3	15	10	40	65	施工排量 0.2m³/min
	1000	1.09	10.7	15	10	35～40	60～65	
	1500	1.09	16.0	15	10	30～35	55～60	

地层压力 （MPa）	连续油管下深 （m）	液体密度 （g/cm³）	静液柱压力（MPa）	连续油管内摩阻（MPa）	环空摩阻（MPa）	井口回压控制（MPa）	预计泵压（MPa）	说明
最大关井压力67MPa	2000	1.09	21.4	15	10	25～30	50～55	施工排量0.2m³/min
	2500	1.09	26.7	15	10	20～25	45～50	
	3000	1.09	32.1	15	10	15～20	40～45	
	3500	1.09	37.4	15	10	10～15	35～40	
	4000	1.09	42.8	15	10	10	30～35	
	4500	1.09	48.1	15	10	5	30	
	4700	1.09	50.3	15	10	5	30	

2.2.4 连续油管受力分析

连续油管受力分析通过软件进行模拟校核，模拟参数设置见表2.10、表2.11。

表 2.10 连续油管受力模拟参数设置

包括滚筒引起的额外压降	NO	包括储层计算	NO
考虑相对粗糙度	Yes	CT内粗糙度（mm）	0.0457
环空粗糙度（mm）	0.0457	同心度	19.05
多相流模型	Orkiszewski	压力计算方式	循环压力
屈服安全系数（%）	80	灾难性屈服系数（%）	50
无支撑段连续油管长度（mm）	355.6007	鹅颈半径（mm）	183.0
包括管柱挤毁计算	NO	椭圆度（%）	2
挤毁安全系数（%）	80	包括井下振动类工具的影响	NO

表 2.11 连续油管受力模拟参数输入

	RIH	POOH
计算深度（m）	5073	5073
CT速度（m/min）	15	15
井口压力（bar）	400.0	400.0
防喷盒阻力（kgf）	250.0	250.0
滚筒回张力（kgf）	136.1	136.1
CT内液体流量（m³/min）	0.2	0.2
CT内气体流量（m³/min）	0.0	0.0

	RIH	POOH
井内液体流量（m³/min）	0.2	0.2
井内气体流量（m³/min）	0.0	0.0
末端轴向力（kgf）	0.0	0.0

通过软件模拟连续油管井下施工过程,分析结果如下:

（1）通过模拟连续油管入井深度与管重关系(图2.10),确定连续油管入井过程中的管柱受力是安全的,可满足现场施工作业要求。

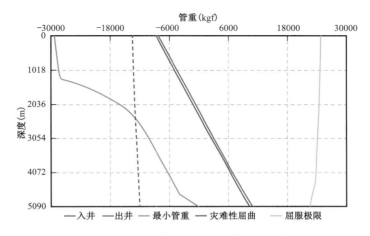

图 2.10　连续油管下入深度与管重关联曲线图

（2）通过软件模拟连续油管下入深度与管重有效轴向力的关系(图2.11),确定连续油管在入井过程中所受的有效轴向力在安全范围以内,可满足现场施工作业要求。

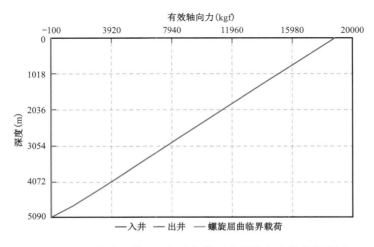

图 2.11　连续油管下入深度与管重有效轴向力关联曲线图

（3）通过软件模拟连续油管下入深度与管柱所受真实轴向力的关系（图2.12），确定连续油管在入井过程中所受的真实轴向力在安全范围以内，可满足现场施工作业要求。

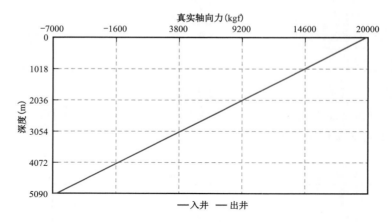

图2.12　连续油管下入深度与真实轴向力关联曲线图

（4）通过软件模拟连续油管下入深度与冯—米塞斯应力的关系（图2.13），确定连续油管在入井过程中所受的冯—米塞斯应力在安全范围以内，可满足现场施工作业要求。

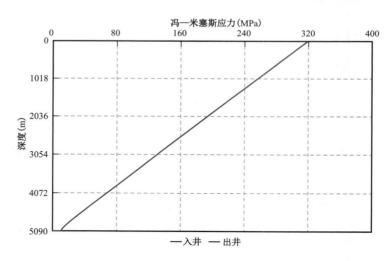

图2.13　连续油管下入深度与冯—米塞斯应力关联曲线图

（5）通过软件模拟连续油管下入深度与压力的关系（图2.14），确定连续油管在入井过程中所受内外压力在安全范围以内，可满足施工作业要求。

（6）通过软件模拟连续油管出井深度与压力的关系（图2.15），确定连续油管在起出过程中所受内外压力在安全范围以内，可满足施工作业要求。

（7）通过软件模拟连续油管下入深度与伸长量的关系（图2.16），用于指导施工过程中连续油管下入深度的校核。

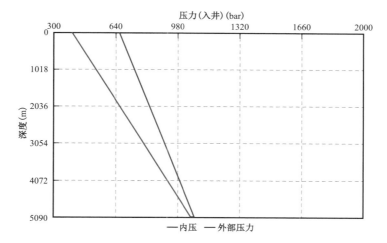

图 2.14　连续油管下入深度与压力关联曲线图

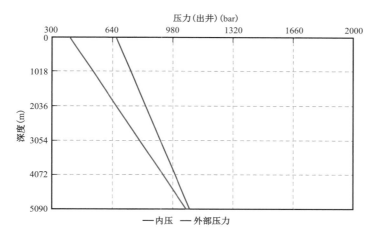

图 2.15　连续油管出井深度与压力关联曲线图

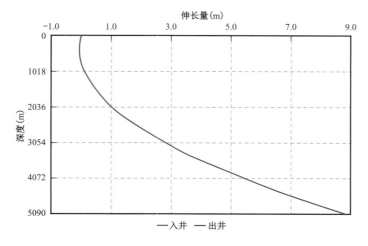

图 2.16　连续油管下入深度与伸长量关系图

（8）通过软件模拟连续油管下入深度与最大下放力的关系（图2.17），得出连续油管入井的最大下放力用于指导现场实际操作。

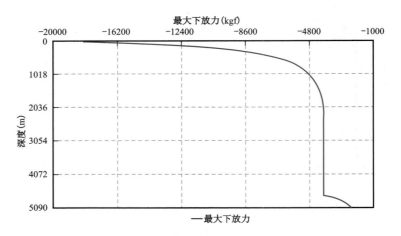

图2.17　连续油管下入深度与最大下放力关系图

（9）通过软件模拟连续油管下入深度与最大上提力的关系（图2.18），得出连续油管在上提过程中最大的上提力用于指导现场实际操作。

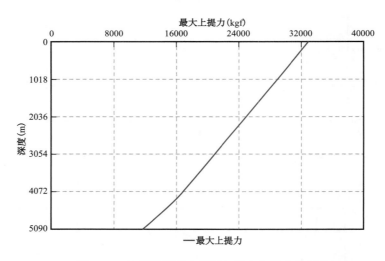

图2.18　连续油管下入深度与最大上提力关系图

校核结论：通过模拟计算，连续油管在入井过程中没有发生自锁和灾难性屈曲，出井过程中也没有发生屈服，满足施工要求。

2.3　作业井口连接

考虑井筒内的砂砾可能对井口防喷装置的密封性带来影响，为了确保施工井口安全性，在常规井口防喷器上再增加一套防喷器（图2.19），连续油管防喷装置具体配置（从下至上）：

转换法兰＋连续油管防喷器组＋两套四闸板防喷器（从上至下依次为全封闸板、剪切闸板、卡瓦闸板和半封闸板）＋由壬（即活接头）转法兰＋防喷管＋法兰转由壬＋防喷盒＋注入头＋鹅颈管，详细数据见表 2.12。

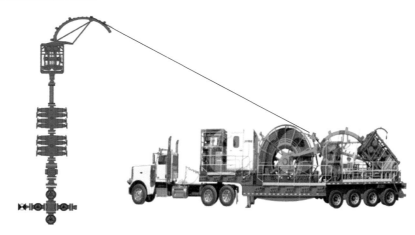

图 2.19　连续油管车及井口装置示意图

表 2.12　连续油管作业井口装置统计表

序号	名称	规格型号	上法兰 / 活接头	下法兰 / 活接头
1	注入头	上提 36.29tf 下压 18.14tf		
2	双侧门防喷盒	4.06–15KSSP		78–105 法兰
3	法兰转活接头	FLYR78/130–105	78–105 法兰	130–105 活接头外螺纹
4	防喷管	FPG13–105	130–105 活接头内螺纹	130–105 活接头外螺纹
5	活接头转法兰	YRFL130–105	130–105 活接头内螺纹	130–105 法兰
6	防喷器组	4FZ130–105	130–105 法兰	130–105 法兰
7	转换法兰	ZFL130/78–105	130–105 法兰	78–105 法兰
8	井口	KQ78/65–105	78–105 法兰	/

注：①上表数据仅供参考，具体以施工方出具的为准，满足压力等级为 105MPa 及以上。②所选防喷盒及防喷器组的额定动密封值必须大于本井最高关井压力并试压合格。

2.4　地面流程

地面流程采用 I 类高压、求产地面测试流程，主流程采用全套数据采集系统、105MPa 液动安全阀、105MPa 法兰管线、ESD、MSRV、高压数据头、105MPa 除砂器（除砂能够达到 100目）、105MPa 油嘴管汇、低压数据头、35MPa 热交换器、10MPa 分离器、化学注入泵、缓冲罐及放喷排污等流程（图 2.20）。

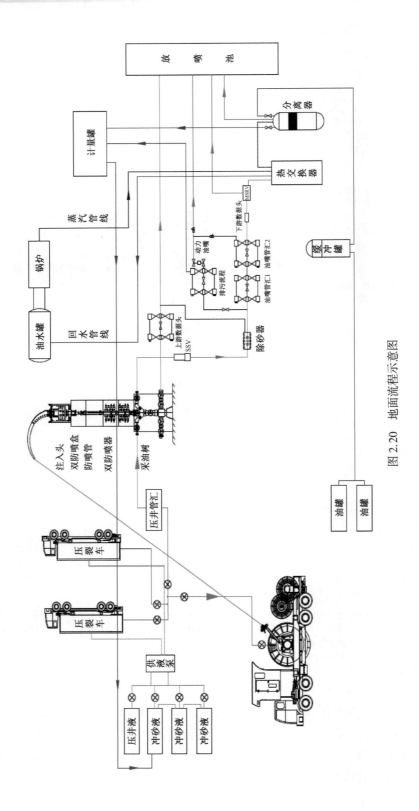

图 2.20　地面流程示意图

2.5 注入头塔架

（1）使用模块化设计，塔架由底橇、中间橇 1、中间橇 2、注入头升降橇四部分组成，安装方便；

（2）集成化液压管线、电气管线连接；

（3）配备机械限位，保证升降橇升降到任意高度都有可靠的机械限位；

（4）4 个橇块叠加之后能够实现注入头底面到地面的距离为 14.65m；

（5）整套设备上安装 8 个照明灯，保证夜间照明；

（6）满足最大风速为 15m/s（7～8 级风力）的作业环境；

（7）最大承载能力 35tf；

（8）注入头升降行程 1.7m，注入头水平移动行程 0.6m；

（9）塔架整体外形尺寸：6310mm×2970mm×14650mm，质量：17760kg。

2.6 井控风险及削减措施

2.6.1 井控风险

本井关井压力 70.3MPa，异常关井前生产油压 32MPa 左右，日产油 13t，日产气 $15 \times 10^4 m^3$，施工中存在井控安全风险，包括：（1）施工过程中连续油管及井控设备承压高，防喷盒动密封及防喷器可能失效；（2）井筒疏通时，有可能出现井口压力突然上升，造成井口失控；（3）高压对连续油管的上顶力可能造成连续油管损坏。

2.6.2 削减措施

（1）配置井口双防喷器及双防喷盒组合，将 2 组 105MPa 防喷器及防喷盒串联使用作为井控设备，提高井控安全；

（2）施工选用进口 2in HS110 等级的连续油管进行作业，保证满足施工要求；

（3）采用密度为 1.09g/cm³ 的冲砂液半压井及控制回压的措施保证施工安全；

（4）做好施工前期准备工作，作业过程中及时更换防喷盒胶芯。

2.7 遇卡风险

设施方面：

（1）所有入井工具组合不能有硬台阶，有变径处必须有倒角；

（2）井下作业工具组合长度超过 1m 的必须有丢手工具。

削减措施：

（1）冲砂时严格监测回压，若回压明显降低，则迅速将连续油管上提到 3 $\frac{1}{2}$in 油管内，同时适当降低泵压并观察回压变化；

（2）因除砂器的容积有限，冲砂过程速度控制在 8～10m/h；

（3）每进尺 50m，做一次短起下，进入封隔器以下位置时每 20m 做一次短起下；

（4）钻磨清砂时严格控制钻压，钻压不能超过 300kgf，一旦遇卡，反复上提下放 3 次后，如不能解卡则请示下步作业。

如果发生意外情况如设备故障导致停泵等，首先应迅速上提连续油管，防止砂卡，连续油管最高上提速度可达到 25m/min。

2.8 其他注意事项

该井 2016 年 3 月进行温压梯度测试时，通井过程中 ϕ42mm 的通井导锥在 3627m 处遇阻，判断该处可能存在生产管柱变形的情况。若采用外径大于 42mm 的工具作业，存在提前遇阻的可能，作业过程中要密切关注悬重变化，避免工具被卡。

3 作业工序及要求

3.1 开工验收

作业前应按油田公司 Q/SY TZ0074—2001《地面油气水测试计量作业规程》及《塔里木油田井下作业井控实施细则》（2011 年）的要求对地面流程进行安装、固定、试压、调试。

作业前要对地面流程、连续油管设备、作业工具及辅助设施进行一次全面检查，严格执行一级、二级检查清单制度，同时检查设备及工具的维护保养记录、试压合格证，不合格的必须及时进行整改，全面检查合格后，才能进行施工作业。连续油管及井下工具组合详细情况见表 2.13。

表 2.13 连续油管及井下工具组合表

序号	作业工具串名称	作业工具串组合
1	连续油管解堵工具串	2in 连续油管 + 连续油管连接器 + 变扣变径转接头 + 马达头总成 + 单流阀 + 冲砂工具头
2	连续油管打铅印工具串	2in 连续油管 + 连续油管连接器 + 变扣变径转接头 + 马达头总成 + 单流阀 + 铅模
3	连续油管钻磨工具串	2in 连续油管 + 连续油管连接器 + 变扣变径转接头 + 马达头总成 + 单流阀 + 螺杆马达 + 磨鞋

要求：
① 连续油管为第一次入井的全新油管，满足工作深度不小于 5000m，导入滚筒时进行全管无损检测合格；
② 单流阀反向承压能力不小于 70MPa（10000psi）；
③ 作业设备及工具参数以施工方出具的施工设计为准，确保能够满足施工要求；
④ 连续油管配置时时进行椭圆度监测和无损探伤监测，确保连续油管受控，保障施工安全

3.2　施工要求

（1）开工验收合格后，按照 Q/SY 1082—2010《连续管修井作业规程》的相关要求，摆放好连续油管施工车辆及其他设备，并按照规程要求对连续油管防喷器组进行安装、固定、试压、调试。

（2）按照《塔里木油田井下作业井控实施细则》（2011 年）的要求在采气树另一翼连接压井管汇并试压合格，以便出现紧急情况时压井。

（3）对井下安全阀控制系统进行检查确认，确保在整个施工过程中井下安全阀处于开启状态。

3.3　连续油管冲砂施工工序

3.3.1　泄压、挤压井、下入连续油管探砂面、冲砂

（1）在采气树侧翼阀门安装好压力表及数采设备，监测录取油压及各环空压力；

（2）先泄 A 环空压力至 25MPa，泄压时注意观察油压变化情况，做好记录，并收集 A 环空排出物以便进行后期分析；

（3）泄油压至 30MPa 左右；

（4）打开清蜡阀门，缓慢下入连续油管解堵工具串进行探砂面作业，在探砂面过程中，每下放 500m，启泵循环 10min，确保循环通道不被堵塞；

（5）探砂面遇阻后，反复上提下放 3 次确认砂面位置，然后上提连续油管至砂面以上 50m 处，启泵循环修井液至 2 倍井筒容积以上；

（6）继续缓慢下放连续油管解堵工具串进行循环冲砂至减振器位置（4751.19m），若能够顺利疏通至减振器位置，则执行 3.4 工序，否则执行 3.3.2 工序。

技术要求：

（1）提前对修井液做沉砂速度试验，并通过计算确定合理的冲砂排量，在循环冲砂过程中，应确保排量满足冲砂时返排速度是沉砂速度的 2 倍以上，以便能够将砂子携带出井口；

（2）每次连续油管入井前和起出后，对连续油管及工具仔细检查、分析、拍照，并出具施工简况及分析报告；

（3）连续油管的各项施工参数不能超过设备所要求的安全值，解除砂卡等事故过程中不超过设备的极限值；

（4）若遇连续油管发生阻卡，不可盲目上提，应保证在连续油管安全拉力以内，反复上提下放并大排量循环冲洗，直到解卡；

（5）工具在过井口、井下安全阀等变径处时，应注意防挂卡，在变径位置处应上提下放 2～3 次，正常无挂卡后再继续下放，控制下放速度，遇阻加压不超过 500kg；

（6）循环冲砂过程中应时刻观察出口情况，并且在封隔器（4659.77m）以上位置每下入30m做一次上提活动管柱，在封隔器以下每下入20m做一次上提活动管柱，防止上返砂粒形成堵塞，阻卡管柱；

（7）下放连续油管循环冲砂过程中，要密切注意悬重、泵压、返出物的变化情况，及时做好记录，并与设计计算值进行比较，及时纠正；

（8）在循环冲砂过程中，应避免中途停泵，以防止冲起的颗粒物重新沉降造成管柱砂卡或砂埋，若意外停泵，则立即上提连续油管直至重新启泵建立循环，循环至进出口液性能一致再进行下步作业；

（9）作业过程中应控制井口油压小于40MPa，大排量循环冲砂前必须认真检查所有流程、阀门、防喷器组、防喷盒、注入头、供液系统、泵注系统、循环系统、液压控制系统等是否运行正常（必须由专人负责）；

（10）连续油管作业全程进行无损检测壁厚、椭圆度、划痕等缺陷情况。

3.3.2　连续油管打铅印，钻磨、洗井

（1）在循环解堵至减振器之前，若在某深度处遇阻，且循环冲砂长时间无进尺，则起出连续油管解堵工具串，更换打铅印工具串；

（2）下入打铅印工具串，在过井口前以不超过5m/min的速度下放，在井口至前次遇阻位置20m以上井段以不超过15m/min的速度下放，在前次遇阻位置20m以内以5m/min的速度下放至遇阻位置；

（3）加压1～2tf打印铅模，并保持钻压3～5min（具体根据现场实际情况而定）；

（4）起出打铅印工具串，对打印铅模进行分析；

（5）更换连续油管钻磨工具串进行钻磨作业，钻速控制在1m/min以内，最大钻压不超过5kN；

（6）钻磨、疏通至减振器位置后，用修井液进行大排量循环洗井至进出口液性能一致、出口无返砂；

（7）起出钻磨工具串，上提工具时保持泵注排量及出口控压，在4751～3000m井段以10～15m/min速度上提，3000～100m井段以15～20m/min速度上提，100m以上井段以3～5m/min速度上提至采气树清蜡阀门以上，停泵关井。

注：若根据打印铅模分析结果，判断无法通过钻磨疏通至目的井段，则下步处理措施待定。

技术要求：

（1）打铅印前必须将遇阻点以上清洗彻底，铅印一次完成，不得因现场操作问题（如一次钻压不够等因素）而进行二次打印，避免影响铅印分析；

（2）下入打铅印工具过程中保持连续循环，避免提前遇阻导致误判，打铅印后上提过程中启泵保持小排量循环，同时控制上提速度，避免铅模挂卡脱落；

（3）作业过程中要密切关注悬重、泵压、回压变化情况，及时做好记录，收集返出的砂、碎屑等颗粒物，实时根据返出物情况，优化施工参数，钻磨过程中一旦发现有铁屑返出，或发现泵压急剧升高，则应立即上提连续油管，分析井下情况，更换循环解堵工具串或采取其他措施，避免磨损生产管柱；

（4）每钻磨 20～50m 或 30min 划眼 2～3 次。

3.4 放喷求产

通过地面流程进行放喷求产，根据井口压力及产能变化调整油嘴尺寸，测试不同工作制度下的产量情况（暂定准备 5mm、6mm、7mm、8mm 油嘴各 2 个）。

3.5 交井、恢复生产流程

确定油井工作制度，交井，恢复生产流程。

4 作业风险提示及削减措施

作业过程中的风险识别及削减措施见表 2.14。

表 2.14 风险识别及削减措施表

序号	风险识别评估	削减措施
1	井控防喷系统失控	在起下连续油管作业中，施工人员要密切注意防喷盒的工作状态，当出现密封不严时要及时向防喷盒补压。当靠补压已不能使防喷盒密封时，启用备用防喷盒胶芯继续作业，当备用防喷盒胶芯密封也失效时，应暂停施工，关闭半封和卡瓦闸板，更换防喷盒的密封胶芯。如果在施工过程中，现场施工人员或其他人员突然发现连续油管作业防喷系统失控，出现井涌、井喷等情况，在向负责人汇报情况的同时，现场应组织采取以下应急措施： （1）立即停止连续油管下，关闭防喷器半封闸板，再关闭卡瓦闸板； （2）泵操作手立即停泵，关闭连续油管入口旋塞阀，同时关闭循环出口闸阀，尽量保证井内有足够多的压井液； （3）立即进行个人防护，穿戴好正压呼吸器，同时报告给现场工程师、施工指挥及现场应急小组； （4）如井口出现防喷器半封闸板和防喷盒都不能控制时，向现场应急小组汇报情况，并根据指令关闭防喷器剪切闸板，剪断连续油管后上提 0.5m 注入头内连续油管再关闭防喷器全封闸板； （5）现场配备一定量的高密度压井液，作业过程中若出现紧急情况，应采用高密度压井液进行压井。
2	地面管线刺漏的风险	（1）开井前地面流程高压端、低压端按规定试压，求产期间要派专人 24 小时巡视，地面队要加强地面流程的巡视； （2）开井后地面队加强流程的巡视；数采操作员要 24 小时严密观测流程工作压力数据，如发现地面测试流程管线刺漏，则立即启动应急预案进行整改（如：倒流程或关井，整改刺漏点）。

序号	风险识别评估	削减措施
3	高压设备及设施刺漏	（1）泵操作手立即停泵，关闭连续油管入口旋塞阀，关闭防喷器半封闸板和卡瓦闸板，同时关闭循环出口闸阀； （2）若有人员伤害，则在现场立即对伤员进行紧急救护，防止伤情加重，如果情况严重，则就近送往医疗机构寻求帮助； （3）及时组织对刺漏和损坏的高压件进行更换、整改，并试压合格后恢复施工； （4）如果施工时，存在超压的风险，可及时启动连续油管井口防喷器，直至最终实施剪切连续油管，上提注入头内连续油管再关闭全封来保证施工井的井控安全
4	井下工具的安全性	严格执行工具的试压记录，一级、二级检查清单以及第三方认证制度，对入井工具的内外径数据必须准确丈量及检查，地面试压合格
5	连续油管破裂或断裂	在施工作业中，由于地面部分的连续油管暴露在空气中，没有平衡压力，所受到的压差最大，如：因为施工压力过高，可能导致连续油管破裂，或是由于井内施工拉力过大导致连续油管断裂，在这两种情况下，都对井控造成严重的威胁，为了防止损失的扩大化，其应急处理程序如下： （1）当施工时连续油管出现破裂或井内断裂，根据当时井内的压力情况，如果经施工相关方确认将导致井喷，由现场监督下令，可采取关闭半封、卡瓦，然后剪切连续油管，上提连续油管，关闭全封，或连续油管断入井中，可将上部连续油管提出井口，直接关闭全封，控制住井口，然后压井，使作业井安全后，再根据井内情况进行后处理； （2）如果井内压力不高，连续油管的破口较小，则可通过地面泵注设备降低连续油管内通道的泵注排量，尽快将连续油管起出井口，关井； （3）如果是井内连续油管断裂，则快速将上部连续油管起出井口，压井，实施打捞作业
6	连续油管遇卡	（1）若下入连续油管时发生遇卡现象，不可盲目上提，应保证在连续油管安全拉力以内，反复上提下放并加大循环排量，直到解卡； （2）加强井控安全意识，对安装设备必须严格检查、认真操作，确保井控安全； （3）每道工序必须严格执行现场负责人的指令，任何单位不允许无指令作业； （4）现场设备必须根据连续油管现场负责人的指令进行操作； （5）收集返出液体，并做好资料的录取； （6）连续油管操作保持与监督的联系，尽快解除砂卡，检查好自封、半封，确保井控的有效控制； （7）各单位合理分配岗位人员
7	连续油管冲砂或钻磨遇卡	（1）若连续油管在冲砂或钻磨时发生遇卡现象，不可盲目上提，应保证在连续油管安全拉力以内，反复上提下放并加大循环排量，直到解卡； （2）收集返出口返出物，并做好资料的录取； （3）循环冲砂及钻磨过程中连续油管操作人员和泵工要保持通信畅通，严禁中途停泵，以防冲起的砂子沉降将管柱卡死或堵死；如果中途停泵，需立即上提连续油管至封隔器以上，防止砂埋
8	连续油管偏磨	（1）钻磨至封隔器等井下工具位置时，应控制好各项施工参数； （2）收集返出口返出物，并做好资料的录取，发现金属物件应及时汇报； （3）入井前依照设计测量洗井工具串参数，确保无误；工具入井前地面试运转螺杆钻，正常后方可进入井口；施工前必须认真检查所有流程、阀门、供液系统
9	机械伤害	（1）严格巡回检查，设施、工用具齐全完好； （2）人员间动作协调，配合默契，做到"三不伤害"，即不违章、不蛮干、不麻痹

5 作业情况

5.1 施工准备

作业内容：现场配冲砂液 100m³，密度 1.09g/cm³，黏度 66mPa•s；备高密度压井液 50m³，密度 1.88g/cm³；备 20t 乙二醇；安装塔架、液罐、连续油管在线检测仪、地面流程、泵注设备、压井管汇，试压 80MPa，测试摩阻及油嘴。现场作业设备摆放如图 2.21 所示。

图 2.21 施工现场图

5.2 施工过程

5.2.1 第一趟冲砂作业

组下工具串：单流阀（φ54mm×272mm）+ 冲洗头（φ54mm×180mm）（图 2.22），冲洗头参数见表 2.15。

连续油管冲洗解堵工具串		
连续油管接头		
外径(mm)	内径(mm)	长度(m)
54	20	0.08
双瓣式单流阀		
外径(mm)	内径(mm)	长度(m)
54	25	0.45
冲洗头		
外径(mm)	内径(mm)	长度(m)
54		0.16
总长：		0.69m

图 2.22 冲洗头及工具串详细数据

表 2.15　强力冲洗头参数

水眼 （6×4）mm	排量（L/min）	压降（MPa）
	200	27
	250	42
	3000	63

过程及结果简述：开井，起下连续油管测试防喷盒气密封性能，用 7mm 油嘴开井放压，开井油压 67.087MPa，套压 39.393MPa。下带强力冲洗头的连续油管在 3627m 遇阻 1t，循环冲砂至 3730m，累计进尺 118m，最大泵压 65.5MPa，排量 0.2～0.36m³/min，累计循环冲砂液 279m³，累计除砂（细砂、粉砂、结垢）32.5L（图 2.23）。

图 2.23　循环冲砂返出的为细砂、粉砂、结垢

5.2.2　第二趟钻磨冲砂作业

由于长时间冲洗无进尺、无砂返出，改钻磨工艺，冲砂液经多次循环后无黏度，液体含较多固相颗粒物，决定重新配制钻磨液 100m³。

组下钻磨工具串（图 2.24）：单流阀（φ54mm×272mm）+ 液压丢手（φ54mm×410mm）+ 螺杆马达（φ54mm×2830mm，如图 2.25 所示，详细参数见表 2.16）+ 平底磨鞋（φ58mm× 265mm，如图 2.26 所示）。

表 2.16　螺杆马达参数表

螺杆马达参数						
规格	长度 （m）	外径 （mm）	排量 （L/min）	扭矩 （N·m）	转速 （r/min）	温度 （℃）	使用寿命 （h）
54mm	2.24	54	80～190	300～430	260～640	175	40～60

连续油管钻磨解堵工具串			
	**连续油管接头**		
	外径(mm)	内径(mm)	长度(m)
	54	20	0.08
	双瓣式单流阀		
	外径(mm)	内径(mm)	长度(m)
	54	25	0.45
	液压丢手		
	外径(mm)	内径(mm)	长度(m)
	54	10	0.48
	螺杆马达		
	外径(mm)	内径(mm)	长度(m)
	54	/	2.9
	磨鞋		
	外径(mm)	内径(mm)	长度(m)
	58		0.16
	总长:		4.07m

图 2.24　连续油管工具串示意图

图 2.25　螺杆马达

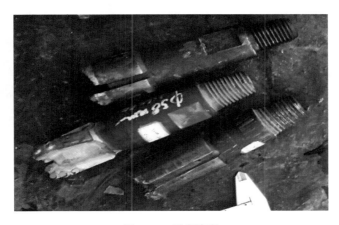

图 2.26　平底磨鞋

过程及结果简述：连续油管遇阻位置 3068m，钻磨至 3737m，钻磨泵压 52～58MPa，钻压 300～500kgf，排量 0.18m³/min，循环冲砂液 190.5m³，除砂 11.5L。

5.2.3　第三趟钻磨冲砂作业

组下钻磨工具串：单流阀（ϕ54mm×272mm）+ 液压丢手（ϕ54mm×410mm）+ 螺杆马达（ϕ54mm×2830mm）+PDC 磨鞋（ϕ58mm×230mm，如图 2.27 所示）。

图 2.27　钻磨工具

过程及结果简述：连续油管遇阻位置 3733m，钻磨至 3734m，钻磨泵压（54～58）MPa，钻压 300～500kgf，排量 0.18m³/min，循环冲砂液 97m³，无砂返出。

5.2.4　第四趟钻磨冲砂作业

组下钻磨工具串：单流阀（ϕ54mm×272mm）+ 液压丢手（ϕ54mm×410mm）+ 扶正器（ϕ54mm×770mm，如图 2.28 所示）+ 加重杆（ϕ54mm×910mm）+ 扶正器（ϕ54mm×770mm）+ 螺杆马达（ϕ54mm×2830mm）+ 三刀翼磨鞋（ϕ58mm×200mm）。

图 2.28　钻磨工具及扶正器

过程及结果简述：连续油管遇阻位置 3729m，钻磨至 3738m，钻磨泵压 51～55MPa，钻压 300～500kgf，排量 0.18m³/min，循环冲砂液 124m³，除砂 1.5L。

连续油管起至井口,发现工具从丢手位置处断裂落井(图2.29),落鱼尺寸:ϕ54mm丢手接头下部0.12m+上扶正器0.77m+ϕ54mm加长杆0.91m+下扶正器0.77m+ϕ54mm螺杆马达2.83m+ϕ58mm磨鞋0.2m,总长5.6m。

图2.29 丢手断脱处

5.2.5 第五趟冲砂打捞作业

作业内容:组下打捞工具串:马达头总成(ϕ54mm×745mm)+扶正器(ϕ54mm×595mm)+开窗捞筒(ϕ63mm×760mm,如图2.30所示)。

图2.30 开窗捞筒

过程及结果简述:连续油管在3725.77m位置处遇阻1.5tf,后上提连续油管,悬重较正常增加500kgf,判断为捕获到落鱼,后上提油管至井口,检查捞筒痕迹,有入鱼迹象,怀疑井筒沉砂导致鱼头进入捞筒深度不够,导致打捞失败,下步下冲洗头冲洗鱼顶。

5.2.6 第六趟冲砂作业

组下冲洗工具串：单流阀（ϕ54mm×272mm）+ 变扣（ϕ54mm×122mm）+ 冲洗头（ϕ43mm×127mm，如图 2.31 所示）。

过程及结果简述：连续油管循环冲砂至 3997m，泵压 49MPa，排量 0.3m³/min，循环冲砂液 153m³，除砂 2L（图 2.32）。

图 2.31 强力冲洗头及冲砂过程返出物

图 2.32 冲砂过程返出物

5.2.7 第七趟冲砂打捞作业

组下打捞工具串：马达头总成（ϕ54mm×744mm）+ 螺杆马达（ϕ54mm×2860mm）+ 双公短节（ϕ54mm×60mm）+ 开窗捞筒（ϕ63mm×840mm）。

过程及结果简述：连续油管下深 3732m 遇阻 1.5tf，上提下放不能通过，后开始上提，至井口检查无落鱼，期间循环冲砂液 97m³，除砂 1L。

5.2.8 第八趟钻磨作业

组下钻磨工具串：马达头总成（ϕ54mm×744mm）+ 螺杆马达（ϕ54mm×3125mm）+ 三刀翼磨鞋（ϕ62mm×175mm）。

过程及结果简述：连续油管钻磨冲砂至 3730m 处，钻压 300～500kgf，排量 0.18m³/min，泵压 47～50MPa，循环冲砂液 129m³，无砂返出。

5.2.9 第九趟泵注除垢剂作业

作业内容：配冲砂液 100m³。组下冲洗工具串：单流阀（ϕ54mm×272mm）+ 变扣接头（ϕ54mm×122mm）+ 冲洗头（ϕ43mm×127mm）。

过程及结果简述：连续油管下深 3998m，开泵泵注 10m³ 除垢剂，除垢剂实验报告如图 2.33 所示，进行除垢剂作业，处理层段 3500～4741m。

报告编号:RJLT-SH-QT2016002

塔里木油田分公司质量检测中心

酸溶蚀实验报告

1.根据委托方要求

    (1)用酸量:5mL/g;

    (2)实验条件:90℃、2h。

2.岩心溶蚀结果

样品名称	酸液配方	编号	溶蚀率(%)	平均值(%)	备注
迪那2-5井井筒返出物	8.0%HCl	1#	80.0	80.1	返出物样品经研碎过20～40目筛的岩样
		2#	80.2		
	10.0%HCl	1#	87.3	87.1	
		2#	86.9		
	12.0%HCl	1#	93.8	93.5	
		2#	93.2		
	15.0%HCl	1#	94.2	94.6	
		2#	95.0		
	12.0%HCl	1#	96.4	96.0	返出物样品未经研碎过筛
		2#	95.6		
	15.0%HCl	1#	97.6	97.9	
		2#	98.2		

3.实验图片

分析日期:2016年10月7日

迪那2-5井井筒返出物

图 2.33 酸溶蚀实验报告

5.2.10 第十趟冲砂作业

组下冲洗工具串:马达头总成(ϕ 54mm×744mm)+变扣接头(ϕ 54mm×122mm)+冲洗头(ϕ 43mm×127mm)。

过程及结果简述:连续油管循环冲砂至4687m,泵压42～50MPa,排量0.18～0.32m³/min,循环冲砂液156m³,除砂1L。

5.2.11 第十一趟钻磨冲砂作业

钻磨工具串:马达头总成(ϕ 54mm×744mm)+螺杆马达(ϕ 54mm×3120mm)+三刀翼磨鞋(ϕ 62mm×170mm)。

过程及结果简述:连续油管最大下深4687m,钻压300～500kgf,排量0.18～0.21m³/min,泵压39～50MPa,循环冲砂液264m³,除砂0.9L(图 2.34)。

图 2.34　返出的砂粒

5.2.12　第十二趟冲砂打捞作业

组下打捞工具串：马达头总成（ϕ 54mm × 744mm）+ 开窗捞筒（ϕ63mm × 840mm）。

过程及结果简述：连续油管最大下深 3738m，加压 3tf 不能通过，上提油管至井口，拆设备。

5.3　施工情况分析

5.3.1　注入头塔架、连续油管在线检测仪、双联防喷器、防喷盒的应用

本次双联防喷器、防喷盒、注入头塔架应用效果良好图 2.35 为现场应用图，保证了井控和吊装的安全，在开井时，利用开井压力测试防喷盒的气密封性能，效果良好，作业过程中井口压力在 26～67MPa 之间，井口密封没发生任何问题，为以后类似的作业提供了很好的参考，作业过程中每起下一趟更换一套防喷盒胶芯，共换了 12 副，有效地保障了井口安全。

图 2.35　设备现场应用图

5.3.2 施工经过情况分析

（1）施工前认为井内堵塞为出砂、管柱有变形可能,确定施工步骤为"冲洗+钻磨+打铅印",作业后发现,冲洗带出一些细砂及结垢物,且无进尺,更改成钻磨作业。

（2）钻磨过程中,该井第一趟钻在3068m处遇阻,钻至3737m;第二趟钻在3733m处遇阻,钻至3734m,使用的螺杆马达起出后均不转,一共返出砂11.5L,因钻进无进尺,反排无出砂、起出后磨鞋无磨损,无法判断螺杆马达在遇阻后的工作状态及井下情况,现场认为螺杆马达质量有问题,且根据返出物中有铁丝碎屑,判断有偏磨。

（3）该井第三趟钻磨使用了扶正器进行扶正后钻磨,遇阻位置3729m,钻磨至3738m,出砂1.5L,无进尺后起出钻具发现丢手下部工具串落井,丢手断的原因是该工具结构设计和质量存在问题。

（4）工具落井后加工打捞工具,丢手外径54mm,井下安全阀内径65mm,无现成的打捞工具,只能临时现加工,加工设计考虑了螺旋打捞筒、卡瓦打捞筒,但因为结构限制无法实现,后加工了2套外径63mm的开窗捞筒工具,在基地测试时效果良好。打捞过程下至3725m位置遇阻,加压打捞后起出,未捞获落鱼。判断鱼头可能被砂埋,冲洗鱼头后仍未捞获,结合整个过程分析,认为落鱼已经掉至管柱底部,打捞筒无法通过。

（5）通过组下"54mm的单流阀和变扣+43mm冲洗头"冲洗到3997m,遇阻无进尺,起钻后,组下捞筒下至3732m遇阻1.5tf无法通过,分析验证该井管柱此位置可能存在结垢或者变形,鉴于前期作业冲出大量垢,认为油管内壁有结垢可能性大,决定再次下钻磨工具进行验证。更换、组下外径62mm的磨鞋进行钻磨,下至3730m,钻磨无进尺,考虑到磨鞋损伤油管的可能性较大,决定停止钻磨作业,起钻后进行酸化除垢作业。

（6）根据结垢的酸泡实验结果,选择合适的酸液进行溶蚀,共注入8m³酸液（15%盐酸+2%的缓蚀剂+1.5%铁离子稳定剂）,注完酸液后组下外径43mm的冲洗头进行冲砂作业,成功冲洗到4687m位置,期间在3737m、3997m位置有遇阻,冲洗后通过,未到4751m,验证酸泡效果良好。决定再组下一趟钻磨管柱带外径62mm的磨鞋钻磨冲砂,顺利钻磨冲砂至4687m位置,作业结束。

5.4 放喷投产

冲砂结束后开井,用6mm油嘴生产,油压40.069～53.672MPa,生产套压61.301～55.301MPa,日产凝析油26.16t,日产天然气21.5×10⁴m³;用7mm油嘴生产,油压49.789～54.604MPa,套压56.142～51.667MPa,日产凝析油27.22t,日产天然气31.2×10⁴m³。连续油管疏通生产管柱作业很好的解决了该井因砂堵无法正常生产而关井的问题,并且作业效果显著。

6　技术总结和认识

（1）该井油管壁上结垢现象明显，且与该区块其他井的垢样不同，对于该井结垢规律目前还没有准确的认识；

（2）使用连续油管进行钻磨作业时，受到油管的刚性因素的限制，工具在井底会出现一定的偏心现象，导致作业过程存在较大的油管开窗风险；

（3）国产马达存在一定的质量问题，在该井钻磨过程中，多次出现钻磨无进尺，起钻后检查发现螺杆马达损坏，更换进口马达后类似情况得到有效缓解；

（4）生产管理上，对出砂较为严重的井，因油压异常需要放喷排砂时，应结合前期生产参数，寻找排砂规律，摸索其对高压气井的适用性；

（5）关键技术应用的认识：首次采用"连续油管＋酸化作业"的模式清除油管内垢及砂堵塞。针对油管内砂堵（图2.36）的实际情况，采取连续油管加喷洗头的冲砂措施能有效地清除油管内堵塞砂，而对于管壁结垢的问题（图2.37），从保护油管的角度出发，配合酸化措施，能有效地解除垢堵塞。

图2.36　造成油管砂堵的砂样

图2.37　造成油管垢堵的垢样

7　取得的效益

（1）该井施工前由于砂堵导致关井，修井投产后一年内油压均值为44.1MPa，套压均值为45MPa，平均日产凝析油27.5t，日产天然气$32.3 \times 10^4 m^3$，累计产油约9683t，累计产气约$1.2 \times 10^8 m^3$。

（2）该井是该区块第一口使用"连续油管＋酸化技术"清除油管内垢、砂堵塞的井，为以后该区块甚至整个塔里木油田高压气井类似井况的气井隐患治理提供借鉴和指导。

案例三　高压气井油管断路及堵塞压井作业

1　作业背景

XX2-B2 井是塔里木盆地库车坳陷秋里塔格构造带 XX2 号构造中部上的一口开发井,位于新疆阿克苏地区库车县境内,XX2-14 井北西方向约 918m。钻探目的:(1)实施 XX2 气田产能建设,实现均衡开采;(2)进一步落实 XX2 号构造,深化目的层储层及流体特征认识;(3)为后续的方案实施优化提供依据。

该井完钻层位为古近系库姆格列木群,2013 年 7 月 29 日完井,完井方法:套管完井。2013 年 7 月 28 至 8 月 15 日对井段 4819.00～4866.00m、4882.50～4890.00m、4905.50～4909.00m、5022.00～5046.00m(测井深度)进行传输射孔,下改造—求产—完井一体化管柱,对射孔井段进行完井投产,求产时间是 2013 年 8 月 15 日,工作制度 6mm,油压 72.714MPa,套压 15～25MPa,日产油 41.6m³,日产气 364652～366800m³,日产液 49.4m³,测试结论:凝析气层。

2014 年 7 月 31 日开井投产,初期生产情况稳定,2014 年 8 月 30 日生产油压开始出现异常,快速下降;12 月 18 日油压继续波动下降;2015 年 2 月 1 日油压开始巨幅波动,至 3 月 4 日油压异常下降,管线冻堵关井,8 月尝试开井生产一个月后油压异常下降再次关井,详细情况见该井压力曲线(图 3.1)。

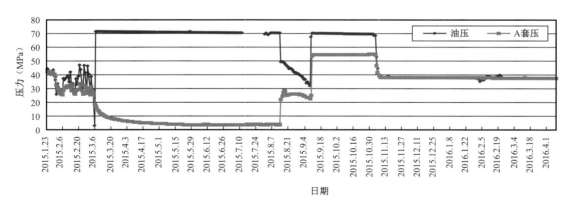

图 3.1　XX2-B2 井压力曲线

2015 年 7 月 15 日,在对 XX2-B2 井进行平台期测试过程中,发现井下安全阀压力持续上涨,没有下降的趋势,未测试出平台期,现场放喷测试,发现油压为 70.1MPa,油压下降缓慢,确定井下安全阀为开启状态,判断井下安全阀无法关闭。

2015 年 9 月 7 日该井油压降低至 20MPa 关井,关井后 A 套压力由 19.64MPa 异常上涨至 54.51MPa,10 月 9 日组织对 A 套泄压,A 环空压力没有下降迹象,放出物为可燃气体,判断油管存在漏点。

2015 年 11 月 4 日,油压从 63.94MPa 降至 51.66MPa,A 套压力由 56.32MPa 降至 44.60MPa,B 套压力由 43.74MPa 降至 41.01MPa,C 套压力从 5.09MPa 降至 4.67MPa。随后油压稳定在 38.0MPa,A 套压力为 37.9MPa,B 套压力为 26.8MPa。

综合分析认为,油管存在较大漏点,环空保护液进入油管。根据该井生产及所处构造位置分析,油压不回升可能是目的层物性差所致,随后通过通井及打铅印证实,油管从 1670m 处断脱。

1.1 基础资料

1.1.1 地层温度压力系统

XX2 气田古近系气藏原始地层压力 105.89MPa,压力系数为 2.22,地层温度为 136℃,属于异常高压、正常温度系统。

根据 XX2 气田两口井 2015 年 6 月实测地层压力资料,结合累产与地层压力关系曲线,预测目前 XX2 气田地层压力为 85.88MPa,压力系数为 1.73,该井实测关井压力为 70.72MPa,由此预测地层压力为 86.39MPa,其相应的压力系数为 1.79。但由于 XX2 气田实测地层压力资料较少,预测地层压力数据仅供参考。

1.1.2 井身结构及套管数据

XX2-B2 井设计井深 5220.00m,完钻井深 5185.0m,人工井底 5085.0m。

目前井身结构为:508.00mm×200.40m ＋ 339.70mm×3873.26m ＋ 244.50mm×3587.66m ＋ 250.80mm×(3587.66～4701.00)m ＋ 177.80mm×5184.76m,详细数据见表3.1,该井井身结构示意图如图3.2所示。

表 3.1 XX2-B2 井套管数据

公称尺寸(in)	公称尺寸(mm)	壁厚(mm)	内径(mm)	钢级	下深(m)	扣型	线重(kg/m)	抗拉(kN)	抗内压(MPa)	抗外挤(MPa)
20	508.00	12.70	482.60	天钢/J55	0～200.40	BC	158.49	7099.00	16.00	5.30
$13\frac{3}{8}$	339.70	13.06	313.60	天钢/TP140V	0～3873.26	TP-CQ	105.00	12213.00	61.00	26.00
$9\frac{5}{8}$	244.48	11.99	220.50	天钢/TP140V	0～3587.66	TP-CQ	68.75	8447.00	82.80	40.60
$9\frac{7}{8}$	250.80	15.88	219.07	天钢/TP140V	3587.66～4701.00	TP-FJ	92.01	11556.00	102.00	99.00

续表

公称尺寸（in）	公称尺寸（mm）	壁厚（mm）	内径（mm）	钢级	下深（m）	扣型	线重（kg/m）	抗拉（kN）	抗内压（MPa）	抗外挤（MPa）
7	177.80	12.65	152.50	天钢/TP140V	0～4441.38	TP-CQ	51.52	5842.00	114.00	120.00
7	177.80	12.65	152.50	天钢/TP140V	4441.38～5184.76	TP-CQ	51.52	5842.00	114.00	120.00

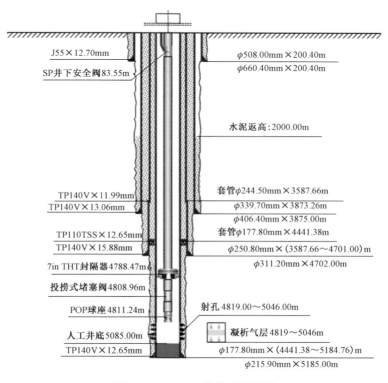

图3.2 XX2-B2井井身结构图

1.1.3 井内管柱

目前井内管柱情况（自上而下）（图3.3）：油管挂＋双公短节＋ϕ88.9mm×9.52mm HP2-13Cr110 Bear油管＋上提升短节＋上流动短节＋$3\frac{1}{2}$in SP井下安全阀（内径65.08mm）＋下流动短节＋下提升短节＋ϕ88.9mm×9.52mm HP2-13Cr110 Bear油管＋变扣接头＋ϕ88.9mm×7.34mm HP2-13Cr110 Bear油管＋ϕ88.9mm×6.45mm HP2-13Cr110 Bear油管＋上提升短节＋7in THT封隔器（内径73.46mm）＋变扣＋ϕ88.9mm×6.45mm BT-S13Cr110 BGT1斜坡油管2根＋投捞式堵塞阀（内径59.00mm）＋ϕ73.02mm×5.51mm P110短油管1根＋POP球座，详细情况见表3.2。

管柱	名称	内径（mm）	外径（mm）	上扣扣型	下扣扣型	数量	总长度（m）	下深（m）
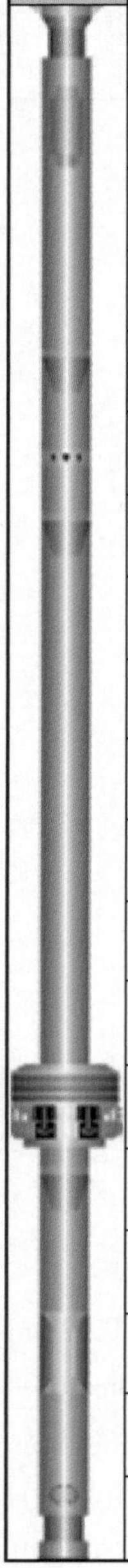	油管挂	75.00	275.00	4½in IF P	4½in 12.7mm BEAR P	1	0.29	7.93
	双公短节	69.85	114.30	4½in 12.7mm BEAR P	3½in 9.525mm BEAR P	1	0.94	8.87
	油管(9.525mm)	69.85	88.90	3½in 9.525mm BEAR B	3½in 9.525mm BEAR P	7	69.77	78.64
	上提升短节	69.85	88.90	3½in 9.525mm BEAR B	3½in 9.525mm BEAR P	1	1.52	80.16
	上流量短节	67.06	103.48	3½in 9.525mm BEAR B	3½in VAM TOP P	1	1.86	82.02
	3½in SP井下安全阀	65.08	139.70	3½in VAM TOP B	3½in VAM TOP P	1	1.48	83.50
	下流量短节	67.06	103.48	3½in VAM TOP B	3½in 9.525mm BEAR P	1	1.77	85.27
	下提升短节	69.85	88.90	3½in 9.525mm BEAR B	3½in 9.525mm BEAR P	1	1.56	86.83
	油管(9.525mm)	69.85	88.90	3½in 9.525mm BEAR B	3½in 9.525mm BEAR P	35	347.80	434.63
	变扣	69.85	88.90	3½in 9.525mm BEAR B	3½in 7.34mm BEAR P	1	1.18	435.81
	油管(7.34mm)	74.22	88.90	3½in 7.34mm BEAR B	3½in 7.34mm BEAR P	166	1647.98	2083.79
	油管(6.45mm)	76.00	88.90	3½in 6.45mm BEAR B	3½in 6.45mm BEAR P	272	2700.81	4784.60
	上提升短节	74.22	88.90	3½in 7.34mm BEAR B	3½in VAM TOP P	1	1.53	4786.13
	7in THT封隔阀	73.46	138.89	3½in VAM TOP B	3½in VAM TOP P	1	0.55 1.79	4786.68 4788.47
	变扣	73.00	100.00	3½in VAM TOP B	3½in 7.34mm BGT P	1	0.48	4788.95
	油管(6.45mm)	76.00	88.90	3½in 6.45mm BGT B	3½in 6.45mm BGT P	2	19.38	4808.33
	投捞式堵塞阀	59.00	88.90	3½in 6.45mm BGT B	2⅞in 7.01mm FOX P	1	0.63	4808.96
	油管	62.00	73.02	2⅞in 5.51mm FOX B	2⅞in 5.51mm FOX P	1	2.01	4810.97
	POP球座	61.65	96.25	2⅞in 7.01mm FOX B	管鞋	1	0.27	4811.24

图 3.3　XX2–B2 井完井管柱图

表 3.2　XX2–B2 井油管参数

尺寸 （mm）	壁厚 （mm）	钢级扣型	线重 （kg/m）	抗拉 （kN）	抗内压 （MPa）	抗外挤 （MPa）	紧扣扭矩（N·m）		
							最小	最佳	最大
88.9	9.52	HP2–13Cr110 Bear	18.90	1802	142.20	145.10	8420	9355	10291
88.9	7.34	HP2–13Cr110 Bear	15.18	1428	109.60	114.90	5613	6237	6860
88.9	6.45	HP2–13Cr110 Bear	13.69	1268	96.30	93.20	5125	5694	6264
88.9	6.45	BT–S13Cr110 BGT1	13.69	1267	96.32	93.29	4910	5340	5770

1.1.4　固井质量

XX2–B2 井固井质量评价情况见表 3.3 至表 3.5。

表 3.3　XX2–B2 井固井质量评价表（244.47mm + 250.82mm 套管）

井段 （m）	质量 评价	井段 （m）	质量 评价	井段 （m）	质量 评价	井段 （m）	质量 评价
55.0～65.9	胶结 良好	981.2～1192.5	胶结 良好	1669.0～1691.4	胶结 良好	2040.6～4682.1	胶结差
65.9～805.1	胶结差	1192.5～1604.8	胶结差	1691.4～1799.5	胶结差		
805.1～981.2	胶结 中等	1604.8～1669.0	胶结 中等	1799.5～2040.6	胶结 中等		

表 3.4　XX2–B2 井固井质量评价表（177.8mm 套管 CBL）

井段 （m）	质量 评价	井段 （m）	质量 评价	井段 （m）	质量 评价	井段 （m）	质量 评价
55.9～981.6	胶结 良好	4336.0～4392.2	胶结 良好	4410.3～4442.2	胶结差	4603.8～4609.0	胶结 良好
981.6～1456.1	胶结 中等	4392.2～4402.2	胶结差	4442.2～4458.7	胶结 良好	4609.0～4627.1	胶结差
1456.1～4336.0	胶结差	4402.2～4410.3	胶结 良好	4458.7～4603.8	胶结差		

表 3.5　XX2–B2 井固井质量评价表（177.8mm 套管 SBT）

井段（m）	质量 评价	井段（m）	质量 评价	井段（m）	质量 评价	井段（m）	质量 评价
4283.0～4336.2	胶结差	4609.2～4747.8	胶结差	4839.5～4875.1	胶结差	4946.3～4984.4	胶结差

井段（m）	质量评价	井段（m）	质量评价	井段（m）	质量评价	井段（m）	质量评价
4336.2～4366.3	胶结良好	4747.8～4754.1	胶结中等	4875.1～4880.8	胶结良好	4984.4～4990.5	胶结良好
4366.3～4370.1	胶结中等	4754.1～4789.5	胶结差	4880.8～4890.5	胶结差	4990.5～5009.5	胶结差
4370.1～4392.9	胶结良好	4789.5～4799.1	胶结中等	4890.5～4898.6	胶结良好	5009.5～5012.3	胶结中等
4392.9～4418.5	胶结差	4799.1～4804.5	胶结差	4898.6～4916.3	胶结差	5012.3～5049.5	胶结差
4418.5～4425.4	胶结中等	4804.5～4809.6	胶结良好	4916.3～4919.5	胶结良好	5049.5～5055.1	胶结良好
4425.4～4439.4	胶结差	4809.6～4816.1	胶结差	4919.5～4922.1	胶结差	5055.1～5069.7	胶结差
4439.4～4456.4	胶结良好	4816.1～4828.0	胶结中等	4922.1～4930.1	胶结良好	5069.7～5075.7	胶结良好
4456.4～4603.4	胶结中等	4828.0～4834.1	胶结差	4930.1～4939.4	胶结差	5075.7～5078.7	胶结差
4603.4～4609.2	胶结良好	4834.1～4839.5	胶结良好	4939.4～4946.3	胶结良好	5078.7～5081.3	胶结良好

1.1.5 生产层位及射孔层位主要参数

XX2-B2 井生产层位为古近系苏维依组 1 段（$E_{1-2}s^1$）、2 段（$E_{1-2}s^2$）、3 段（$E_{1-2}s^3$），生产层段 4819.0～5046.0m，共 82.0m/4 层。

1.1.6 流体性质

XX2-B2 井未取到过水样，无水样分析数据。凝析油、天然气物性参数详细情况见表 3.6、表 3.7。

表 3.6　XX2-B2 井原油物性参数表

取样日期	20℃密度（g/cm³）	50℃动力黏度（mPa·s）	凝点（℃）	含蜡量（%）	胶质（%）	沥青质（%）	含硫（%）
2013.08.11	0.8019	0.8812	0	6.1	0.45	0.15	0.0332

表 3.7   XX2-B2 井天然气物性参数表

取样日期	甲烷（%）	乙烷（%）	氮气（%）	二氧化碳（%）	H₂S（mg/m³）	相对密度	取样空气含量（%）
2013.08.12	89.4	7.29	0.643	0.331	0	0.6236	1.09

2   作业方案

XX2-B2 井整个生产历史划分为四个阶段：油压稳定、油压快速下降、油压剧烈波动下降、油压大幅度波动下降。根据生产过程中异常情况分析得出：

（1）该井井下安全阀为开启状态，且井下安全阀无法关闭；

（2）该井油管或井底存在异物堵塞，堵塞物不清，解除堵塞存在未知风险；

（3）该井关井后油管断路，管柱完整性存在问题，造成压井困难；

（4）在拆该井油嘴时，发现少量细砂，防砂工作存在困难。

针对上述问题，组织技术人员讨论后决定：采取压井后起出井内管柱，重下改造—完井一体化管柱的措施，从而达到恢复该井正常生产的目的。

2.1   作业目的

解除堵塞，更换管柱及井下安全阀，重新建立安全屏障，恢复生产。

2.2   总体方案

（1）用密度为 2.4g/cm³ 的油基压井液压井后起出上部断脱油管；

（2）用油管带卡瓦捞筒打捞下部油管后对封隔器以上油管进行穿孔、切割；

（3）用密度为 1.95g/cm³ 的油基压井液循环压井后，起、甩封隔器以上油管柱并钻磨打捞封隔器；

（4）重新下改造—完井一体化管柱，恢复正常生产。

2.3   井控装备

上 70D 钻机，井控装备自上而下为：FH28-70 环型防喷器 + 2FZ28-105 双闸板（上为 4³/₈in 闸板芯子，下为 3¹/₂in 闸板芯子）+ FZ28-105 单闸板。修井作业期间，根据作业管柱的尺寸准备好相应的转换用的防喷单根及变扣接头。要求的井控装置安装示意图如图 3.4 所示。

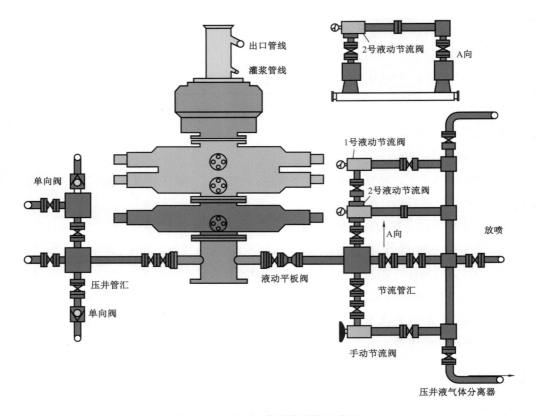

图 3.4 XX2-B2 井井控安装示意图

2.4 地面流程

地面流程采用Ⅰ类高压、求产地面测试流程,主流程采用全套数据采集系统、105MPa 液动安全阀、105MPa 法兰管线、ESD、MSRV、高压数据头、105MPa 除砂器、105MPa 油嘴管汇、低压数据头、35MPa 热交换器、10MPa 分离器、化学注入泵、缓冲罐;$3^1/_2$in 及以上地面放喷管线等流程按 Q/SY TZ0074—2001《地面油气水测试计量作业规程》及《井下作业井控实施细则》(2011 年)的要求进行安装、试压、调试、固定(图 3.5)。

2.5 压井液优选

TY OBS 油基压井液体系具有良好的流变性和较好的滤饼质量,钻屑悬浮、携带能力优异。同时,TY OBS 油基压井液体系还具有良好的储层保护性能、极强的抑制性、极强的抗污染能力及特佳的润滑性能等特点,与普通水基压井液相比,其性能参数见表 3.8。

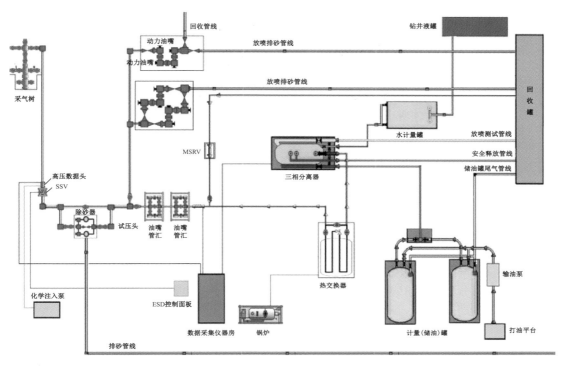

图 3.5 地面流程示意图

表 3.8 TY OBS 油基压井液体系优缺点

项目	水基压井液	油基压井液
泥页岩、盐岩抑制性	泥岩水化和盐岩溶蚀严重,井眼不规则,扩大率高;井眼不稳定,易阻卡钻	天然的超强抑制性,井眼规则,扩大率低;井眼稳定,不会发生阻卡现象
性能稳定性	性能波动大,甚至严重;需要大量的日常维护处理	非常稳定,几乎是免维护,仅需补充日常消耗量
抗污染能力	易受黏土、盐膏和卤水侵蚀,引起性能破坏	黏土、盐膏不影响性能变化;卤水侵蚀易处理恢复
润滑性	摩阻大,需要添加润滑剂;定向、水平井易出现托压、阻卡,测井、下套管困难	天然的高润滑性,不需要任何添加剂;不会出现托压、阻卡,测井、下套管问题
高温沉降稳定性	静恒温沉降稳定性差,压井液长时间静止易出现重晶石沉降	静恒温沉降稳定性好,不易发生固相沉降现象
对完井井眼质量影响	井眼不规则,扩大率高(15%)影响顶替效率,固井质量优良率低,影响井筒完整性、终身封隔性和油井寿命	井眼规则,扩大率低(5%)顶替效率高,固井质量好,有利于提高井筒完整性
体系配方的复杂性	配方需要根据不同的钻遇地层岩性调整变化;所用材料品种多(≥13种),配方较复杂	适应任何地层,不需要调整,配方稳定;所用材料品种很少(≤7种),配方简单,药品管理方便
操作难易	需日常维护处理,工艺复杂,掌握较难,对作业人员素质要求高	免维护,工艺简单,易掌握,对作业人员没有特殊要求

项目	水基压井液	油基压井液
消耗量	消耗量大,一般是井眼容积的 4 倍	消耗量较小,一般是井眼容积的 2.5 倍
材料直接成本	初配单位成本低;但消耗量大,重复利用率低(≤30%),规模使用总成本不低	初配成本高,约是水基的 3 倍;但消耗量小,重复利用率高(≥95%),规模使用成本大幅度降低,重复利用 7 井次后与水基持平
间接效应	井眼质量不好,影响固井质量和井筒完整性;油套固井返空段,需将盐水压井液替净,防止腐蚀,油井寿命可能因此受到影响,增加修井费用;不能简化井身结构,套管程序多,钻井费用高	井眼质量好,有利于提高固井质量;有套返空段,不需要环空保护液,不腐蚀套管。规模开发,可简化井身结构,减少提高程序,降低建井费用
排污量	废弃钻井液和钻屑等固废排放量很大	无废弃钻井液,仅有钻屑,排放大幅度减少
固废无害化处理	单位处理成本较低;但处理量大,处理总费用很高;高含盐废液难以做到"永久性无害化"和"零排放"处理	单位处理成本较高,是水基的 2 倍左右;但处理量减少,处理总费用大幅度降低;钻屑的资源化利用处理可做到"无害化""零排放"处理

鉴于 TY OBS 油基压井液稳定的性能及具有水基压井液无法比拟的优势,该井分别采用密度为 2.4g/cm³ 和 1.90~1.94g/cm³ 的 TY OBS 油基压井液体系作为压井液体系。施工作业中根据现场实际井况对压井液的密度、黏度及用量做出调整,同时做好替出压井液的回收保存准备工作。

3 作业工序和要求

3.1 安装设备

采用 70D 型钻机,安装调试井场设备并进行试运转,确保工作正常;连接节流、压井管汇,并按照《井下作业井控实施细则》(2011 年)的要求试压合格。

3.2 开工前验收

作业前对地面流程、井控设备、作业工具及辅助设施进行一次全面检查(维护保养记录、探伤报告等),施工车辆、节流循环设备、过滤设备、循环罐、储液罐以及其他设备均应地面试运行正常,承压设备必须试压合格,不合格的必须及时进行整改。

3.3 检查井口装置

检查目前采气井口,活动阀门,确定灵活可靠,并换装校验好的压力表。关井观察,记录好油压、套压,为后续压井等作业提供依据。

3.4 接地面流程、泄压、压井

连接好地面流程并试压合格,确认井下安全阀处于开启状态,通过地面流程缓慢泄压降低井口压力。

清水循环,将油管断脱处之上的天然气脱净(上钻之前已进行试挤,无法挤入)。然后用密度为 2.4g/cm³ 的油基压井液循环压井,待井压稳后,换装防喷器。起出上部断脱油管,再用油管带卡瓦捞筒捞落鱼。

3.5 电缆通井、过油管射孔

安装电缆作业专业井口并按《塔里木油田井下作业井控实施细则》(2011 年)的要求试压合格。用电缆下入通径规通井至封隔器以上第一根油管本体。确认管柱内通畅、满足过油管射孔条件后,用电缆下入射孔枪进行过油管射孔,根据通井情况确定具体射孔位置(原则上选择封隔器以上第一根油管本体,避开油管接箍)。

3.6 循环压井

用密度为 1.90~1.94g/cm³ 的油基压井液大排量循环压井,压井结束后敞井观察,确认井口无压力后循环测后效,确认井内平稳满足后续施工安全作业时间要求后进行下步作业。

3.7 起甩原井管柱

循环压井液至进出口液性能一致并确认井内平稳后起甩井内油管。

3.8 钻磨、打捞封隔器

下钻探鱼顶,并记录好鱼顶位置,循环井内压井液至进出口液性能一致。若封隔器以上有油管柱,则先用倒扣等方法打捞起出封隔器以上油管,再磨铣封隔器,并下专业打捞工具,打捞井内原生产管柱落鱼部分。

3.9 冲砂、刮壁

用"钻杆 + 钻头"下钻探遇阻砂面并记录砂面位置,然后循环冲砂至人工井底(5085.00m),冲砂结束后充分循环调整压井液至进出口液性能一致,确认井内平稳后起钻。

下"钻杆 + 7in 套管刮壁器管柱"对 7in 套管进行刮壁作业,对封隔器预坐封位置(4750.00m)上下 50m 及已射孔井段反复清刮 3 次以上,刮壁结束后充分循环压井液,循环测后效,确认井内平稳且满足后续安全作业时间后,起出刮壁管柱。

3.10 测套管质量

测套管腐蚀情况,若套管满足后续完井要求则进行下步作业,若套管不能满足安全完井要求则再进行下步方案讨论制订。

3.11　下压裂防砂管柱、压裂防砂

根据前期冲砂情况决定是否进行压裂防砂,若需进行压裂防砂,则下入压裂防砂管柱进行压裂防砂。

3.12　通井、循环压井液

起出压裂管柱后,下"钻杆 + ϕ148mm 通径规(长度 1.20m 左右)管柱"通井至人工井底,大排量充分循环调整井内压井液至进出口液性能一致,要求压井液干净无杂物、压井液性能稳定,15 天不沉淀、不稠化,循环测后效,确认井内平稳满足后续施工安全作业后起出通井管柱。起下管柱按照《塔里木油田井下作业井控细则》(2011 年)要求执行。

3.13　下改造—完井一体化管柱

按入井管柱设计要求,下改造—完井一体化管柱。

3.14　坐油管挂、换装井口、试压

管柱下到位后,调整管柱,关闭井下安全阀,安全阀控制管线穿越油管挂,下放管柱坐油管挂并上紧顶丝,拆防喷器组,完成安全阀控制管线穿越采油四通,并开关井下安全阀验证控制管线是否畅通、井下安全阀是否开关正常,安装 105MPa 采油(气)树及地面测试流程,按《井下作业井控实施细则》(2011 年)要求对采油(气)树注密封脂并对采油(气)树及地面流程试压合格。

3.15　替液、投球、坐封封隔器、验封

打开井下安全阀,用"8~10m³ 隔离液 + 密度为 1.20~1.30g/cm³ 的有机盐液" 小排量反替出井内压井液,替液结束后,保持油套压投坐封钢球并候球入座,按工具方要求分级正打压坐封封隔器,然后环空打压 20MPa 对封隔器验封,稳压 30min 压降小于 0.5MPa 为合格。试压合格后,正打压击落球座。

3.16　放喷求产(储层改造)

开井排液,采用 3~5mm 油嘴进行放喷排液,出口见油气后,进地面测试计量流程求产,根据井口压力变化调整具体油嘴尺寸。根据地质要求,做好储层改造前的取样工作,并及时送样化验分析。

根据放喷结果确定是否进行改造作业。

3.17　修井收尾、交井

采用地面流程放喷、排液、求产,所有返排液入罐回收,取得产能后清理井场物料,回收

液运离井场。原井内起出油管,仔细检查油管是否完好,受损油管(包括穿孔油管)须做明显标记,并单独存放,不能与完好油管混放。恢复井场,完井,结束作业。

4 作业风险提示

因 XX2-B2 井油管从 1670m 处断开,且产层或管柱内堵塞,无法通过挤注压井液形成有效液柱压力平衡地层压力,先必须采用 2.4g/cm^3 的压井液压井,存在着原井内有机盐环空保护液污染压井液,造成沉淀,导致作业复杂。

5 作业情况

5.1 循环压井

5.1.1 循环压井脱气

地面安装管线并试压合格后,正循环清水节流压井脱气,泵压由 20.4MPa 涨至 34.5MPa,排量 8.0～14.5m^3/h,当泵入清水 22m^3 时,出口见返出(油管断后,部分环空保护液井入油管,上部充满气体,压力 38MPa),点火焰高 5～8m 至自熄,共泵入清水 60m^3,返出清水 38m^3;间断放油压、套压,油压由 24.41MPa 下降至 0.62MPa,套压由 14.21MPa 下降至 0.40MPa,共计放出清水 1.2m^3;油管内正挤密度为 1.0g/cm^3 的清水 2m^3,排量 0.034～0.051m^3/min,油压由 1.6MPa 上涨至 68.2MPa,套压由 1MPa 上涨至 70MPa,B 套压力由 26.6MPa 上涨至 37.1MPa,停泵测压降,油压下降至 61.38MPa,套压由 70.12MPa 下降至 63.13MPa。油、套泄压至 25MPa,连接正循环压井管线,试压合格后,用清水正循环节流洗井脱气,泵压 26MPa,排量 0.2～0.4m^3/min,控制回压 25MPa。

5.1.2 用油基压井液循环压井

用密度为 2.0g/cm^3 的油基压井液(漏斗黏度 132s,初切 3Pa,终切 7.5Pa)正循环压井,泵压 16MPa,排量 0.78m^3/min,控制回压 0～25MPa。循环油基压井液至进出口液性能一致,油套敞井观察 24h,无溢流。正挤密度为 2.0g/cm^3 的油基压井液,泵压 6～50MPa,排量 0.1～0.2m^3/min,累计泵入 1m^3;继续正循环密度为 2.0g/cm^3 的油基压井液(漏斗黏度 136s,初切 3Pa,终切 8Pa)压井,泵压 8～15MPa,排量 0.30～0.78m^3/min,敞井观察油、套有线流;关井观察油、套压分别为 0MPa,地面配制 2.5g/cm^3 压井液 60m^3;油管内正挤密度为 2.0g/cm^3 的压井液 1.6m^3,泵压 5～60MPa,排量 0.08～0.20m^3/min,A 套压压力由 0 涨至 60MPa,B 套压力由 32MPa 上涨至 35MPa;正循环密度为 2.5g/cm^3 的油基压井液(漏斗黏度 180s,初切 4Pa,终切 7.5Pa)压井,泵压 5～18MPa,排量 0.18～0.90m^3/min。敞井观察油、套出口无外溢。

5.2 换装防喷器并起甩原井油管

拆甩采油树,安装防喷器,对环形试压 49MPa/30min 不降,对 $3\frac{1}{2}$in 双闸板上半封、单闸板剪切分别试压 105MPa/30min 不降;上提管柱悬重至 350kN,油管挂提出转盘面,悬重不变,无挂卡现象,起甩油管挂及井下安全阀。用密度为 2.45g/cm³ 的油基压井液(漏斗黏度 165s,初切 3Pa,终切 7Pa)正循环洗井,泵压 16MPa,排量 0.78m³/min,至进出口压井液性能一致,停泵起出 $3\frac{1}{2}$in Bear 扣油管 161 根,第 161 根油管外螺纹端根部断裂,鱼顶为母接箍,落鱼长度 3192.34m,落鱼结构(自上而下):ϕ88.9mm×7.34mm HP2–13Cr110 Bear 油管 47 根 + ϕ88.9mm×6.45mm HP2–13Cr110 Bear 油管 272 根 + 上提升短节 + 7in THT 封隔器(下深:4786.68～4788.47m,内径 73.46mm)+ 变扣 + ϕ88.9mm×6.45mm BT–S13Cr110 BGT1 斜坡油管 2 根 + 投捞式堵塞阀 + ϕ73.02mm×5.51mm P110 短油管 1 根 + POP 球座。

5.3 切割油管

下入 ϕ65.8mm 切割弹至 4808.2m 切割,上提悬重至 93t,悬重突然下降至 72t,管柱从切割点处脱开。

5.4 用油基压井液循环压井并起出原井油管

油管提断后,用密度为 1.95g/cm³ 的油基压井液(漏斗黏度 105s,初切 3Pa,终切 7Pa)正循环节流压井,控制回压 3～8MPa,泵压 14～15MPa,排量 0.66～0.84m³/min,短起至井深 4506m,静止观察,出口无外溢,下钻至井深 4807m,用密度为 1.95g/cm³ 的油基压井液(漏斗黏度 105s,初切 3Pa,终切 7Pa)循环测后效,泵压 14MPa,排量 0.72m³/min,排混液(密度 1.41～1.83g/cm³)110m³,污染油基压井液 60m³。确定无后效,起出油管后发现油管切口外径扩大至 99mm,从断口截面分析(图 3.6),显示油管一半被切割开,一半被过提提断,符合施工

图 3.6　油管切口

过程中的判断。至此,井下落鱼结构为:$3\frac{1}{2}$in bear 扣油管(7.66m)+ 上提升短节 + 7in THT 封隔器 + 变扣 + $3\frac{1}{2}$in BGT1 斜坡油管 2 根 + 投捞式堵塞阀 + $2\frac{7}{8}$in 短油管 1 根 + POP 球座,落鱼长度 34.3m。

5.5 打捞落鱼

5.5.1 第一趟管柱:组下 ϕ146mm 修鱼组合工具磨铣鱼头

组下工具:ϕ146mm 修鱼组合工具(ϕ118mm 合金凹底磨鞋 + ϕ146mm 套子扶正器)。

管柱组合(自下而上):ϕ146mm 修鱼组合工具(ϕ118mm 进口合金凹底磨鞋 + ϕ146mm 套子扶正器)+ ϕ140mm 双捞杯 + ϕ120.6mm 钻铤 12 根 + $3\frac{1}{2}$in 钻杆。

作业目的:修整鱼头,将喇叭口部分修整至油管本体,为后期打捞创造条件。

落鱼描述(至下而上):$3\frac{1}{2}$in bear 扣油管残体(7.66m)+ 上提升短节 + 7in THT 封隔器 + 变扣 + $3\frac{1}{2}$in BGT1 斜坡油管 2 根 + 投捞式堵塞阀 + $2\frac{7}{8}$in 短油管 1 根 + POP 球座,落鱼总长 34.3m。

修鱼过程及结果:接钻具下修鱼管柱至井深 4809.83m 遇阻,加压 2tf,复探 3 次,位置不变无位移;上提管柱 0.5m,用密度为 1.95g/cm³ 的油基压井液(漏斗黏度 108s,初切 4.5Pa,终切 9Pa)循环,泵压 18MPa,排量 0.305m³/min,观察液面正常,磨铣修整鱼头,磨铣井段 4809.83~4809.98m,进尺 0.15m,起出修鱼工具检查,发现修鱼工具中度磨损(图 3.7)。

图 3.7 合金凹底磨鞋磨损图

5.5.2 第二趟管柱:组下 ϕ146mm 套铣管柱套铣封隔器

组下工具:ϕ146mm 进口合金专用套铣头(图 3.8)+ ϕ140mm 套铣管 1 根 11m。

图 3.8 ϕ146mm 进口合金专用套铣头

管柱组合（自下而上）：ϕ146mm进口合金专用套铣头 + ϕ140mm套铣管1根11m + ϕ140mm双捞杯 + ϕ120.6mm钻铤12根 + $3\frac{1}{2}$in钻杆。

作业目的：套铣封隔器。

落鱼描述（自下而上）：$3\frac{1}{2}$in bear扣油管残体（7.51m）+ 上提升短节 + 7in THT封隔器 + 变扣 + $3\frac{1}{2}$in BGT1斜坡油管2根 + 投捞式堵塞阀 + $2\frac{7}{8}$in短油管1根 + POP球座，落鱼总长34.15m。

套铣过程及结果：下放管柱至井深4819.50m（封隔器位置4819.02～4821.36m）遇阻，加压2tf，复探3次，位置不变无位移；套铣封隔器，套铣4819.50～4819.90m井段，进尺0.40m，出口见少量铁屑，套铣参数：钻压5～20kN，转速55r/min，排量0.30～0.36m³/min，泵压18MPa，压井液密度1.95g/cm³，漏斗黏度120s，动切力9Pa，静切力5/8Pa，套铣至井深4819.90m时，泵压突然下降至14MPa，出现压井液漏失情况，立即组织降循环压井液密度至1.90g/cm³，排量由0.18m³/min提高至0.36m³/min，泵压由10MPa涨至15MPa，漏失速度由6.6m³/h降至1m³/h，共漏失压井液19.9m³，继续套铣封隔器，套铣井段4819.90～4822.35m（期间套铣至井深4819.95m时放空至井深4821.2m），累计进尺2.85m，出口返出少量铁屑及胶皮，套铣参数：钻压10～20kN，转速55r/min，排量0.36m³/min，泵压16MPa，压井液密度1.90g/cm³，漏斗黏度105s，初切5Pa，终切7Pa。

起套铣管柱检查，发现套铣鞋磨损严重（图3.9），捞杯中带出封隔器残片若干块（图3.10），其中有两片封隔器卡瓦牙残片（7.6cm×6.2cm×4mm，6.5cm×6cm×4mm）、封隔器胶皮两块。

图3.9　磨损严重的套铣鞋

图3.10　捞杯中的残片

5.5.3　第三趟管柱：组下ϕ143mm篮式卡瓦打捞筒打捞落鱼

组下工具：ϕ143mm卡瓦打捞筒（ϕ86mm篮式卡瓦 + ϕ92mm止退环）。

管柱组合（自下而上）：ϕ143mm卡瓦打捞筒（ϕ86mm篮式卡瓦 + ϕ92mm止退环）+

ϕ120.6mm 超级振击器 + ϕ120.6mmLDC × 6 根 + ϕ120.6mm 加速器 + $\phi3\frac{1}{2}$in 钻杆。

作业目的:打捞封隔器落鱼管串。

落鱼描述(自下而上):$3\frac{1}{2}$in bear 扣油管残体(7.51m)+ 上提升短节 + 7in THT 封隔器 + 变扣 + $3\frac{1}{2}$in BGT1 斜坡油管 2 根 + 投捞式堵塞阀 + $2\frac{7}{8}$in 短油管 1 根 + POP 球座,落鱼总长 34.15m。

打捞过程及结果:下打捞管柱至井深 4812m,循环压井液后开始打捞封隔器,下探至井深 4816.86m 遇阻,加压 2tf 通过,继续下探至井深 4821.37m 遇阻,加压 2tf,上提旋转引鱼打捞,加压 6tf,泵压由 7MPa 上升至 13MPa,上提悬重变化不明显,继续下探,落鱼下移,下探至井深 4825.6m、4828.2m 有遇阻显示,活动管柱后下移,继续下探至井深 4846.7m 无遇阻,决定起钻。

起打捞管柱,未捞获落鱼,检查发现止退环及卡瓦牙内部被封隔器残片堵塞(图 3.11),其中最大三块残片分别为:400mm × 15mm × 3mm,310mm × 15mm × 3mm,300mm × 20mm × 3mm,决定继续下卡瓦捞筒打捞。

图 3.11 止退环及卡瓦牙内部被堵塞

5.5.4 第四趟管柱:组下 ϕ143mm 篮式卡瓦打捞筒打捞落鱼

组下工具:ϕ143mm 卡瓦打捞筒(ϕ86mm 篮式卡瓦 + ϕ92mm 止退环)。

管柱组合(自下而上):ϕ143mm 卡瓦打捞筒(ϕ86mm 篮式卡瓦 + ϕ92mm 止退环)+ ϕ120.6mm 超级振击器 + ϕ120.6mmLDC × 6 根 + ϕ120.6mm 加速器 + $3\frac{1}{2}$in 钻杆。

作业目的:打捞封隔器落鱼管串。

落鱼描述(自下而上):$3\frac{1}{2}$in bear 扣油管残体(7.51m)+ 上提升短节 + 7in THT 封隔器 + 变扣 + $3\frac{1}{2}$in BGT1 斜坡油管 2 根 + 投捞式堵塞阀 + $2\frac{7}{8}$in 短油管 1 根 + POP 球座,落鱼总长 34.15m。

打捞过程及结果:下打捞管柱至井深 4840m,下钻过程漏失压井液 3.8m³,循环密度为 1.90g/cm³ 的油基压井液(漏斗黏度 97s,初切 4.5Pa,终切 8Pa)至进出口液性能一致,排量 0.36m³/min,泵压 16MPa,循环过程中漏失速度 0.6m³/h,循环漏失 2.1m³;接单根开泵下探至井深 4996.92m 遇阻(人工井底 5085m,落鱼总长 34.3m,射孔井段 4819~5046m),加压 6t 打捞,泵压由 14MPa 上涨至 17MPa,上提悬重无明显变化,继续下探至 5016m 遇阻,加压 6t,复探三次位置不变。

起打捞管柱,检查发现捞获全部落鱼(ϕ88.9mm × 6.45mm HP2-13Cr110 Bear 油管残体 1 根 + 上提升短节 + 7in THT 封隔器 + 变扣 + ϕ88.9mm × 6.45mm BT-S13Cr110 BGT1 斜坡油

管 2 根 + 投捞式堵塞阀 + ϕ73.02mm × 5.51mm P110 短油管 1 根 + POP 球座），油管内被泥砂堵塞，在切割油管内带出封隔器下卡瓦牙残体 5 块（7cm × 4cm × 2cm），捞获的落鱼，如图 3.12 所示。

图 3.12　捞获落鱼情况

5.6　冲砂、刮壁

下冲砂管柱至井深 4819m 遇阻，加压 2tf，复探三次位置不变，在井段 4819～4822m 反复划眼通过该井段，钻压 0.5tf，转速 40r/min，排量 0.36m³/min，泵压 17MPa，下冲砂管柱至井深 5026.5m 遇阻，加压 2tf，复探三次位置不变，划眼至井深 5045.6m，划眼井段 5026.5～5084.5m，下刮壁管柱至井深 4822m 遇阻 2tf（射孔井段 4819～5046m），其中对井段 4650～4800m 反复刮壁三次。

5.7　测套管质量

使用六十臂测井仪测套管质量，测井井段距井口 4818m，现场解释结果为：套管状况良好，无穿孔变形，以轻度腐蚀为主。部分套管缩径 0～1mm，扩径 0～2mm，4436.2～4337m 为 7in 套管回接处，内径最大值 187.87mm，平均为 186.53mm，最小值 184.56mm。

5.8 通井、循环压井液

下通井管柱至井深 4821.5m，正循环洗井，井深 4821.5m，排量 0.36m³/min，泵压 17MPa，压井液密度 1.90g/cm³，漏斗黏度 130s，初切 5Pa，终切 8Pa，通井过程中漏失压井液 0.7m³，确定无后效，起通井管柱，检查通径规完好。

5.9 下改造—完井一体化管柱

下 7in THT 封隔器完井管柱，管柱结构（自上而下）：油管挂 + 双公短节 + 变扣 + $3\frac{1}{2}$in TNS–13Cr110/TSH563（9.52mm）油管 7 根 + 上提升短节 + 上流动短节 + $3\frac{1}{2}$in 井下安全阀 + 下流动短节 + 下提升短节 + $3\frac{1}{2}$in TNS–13Cr110/TSH563（9.52mm）油管 21 根 + $3\frac{1}{2}$in TNS–13Cr110/TSH563（6.45mm）油管 449 根 + 上提升短节 + 7in THT 封隔器 + 下提升短节 + $3\frac{1}{2}$in BT–S13Cr110/BGT1（6.45mm）油管 5 根 + ϕ101mm 投捞式堵塞阀 + $2\frac{7}{8}$in JFE–HP1–S13Cr110/FOX（5.51mm）短油管 1 根 + ϕ95mm POP 球座，封隔器以上油管逐根探伤、气密封检测合格，试压 50～70MPa。

5.10 坐油管挂、换装井口、试压

坐油管挂，主要工具下深：$3\frac{1}{2}$in SP 井下安全阀下深 83.77m，7in THT 封隔器下深 4752.25m，投捞式堵塞阀下深 4801.73m，POP 球座下深 4803.51m，拆甩防喷器组，井下安全阀液控管线穿采油四通，并对出口接头试压 15000psi/15min 不降，试压合格；装 WOM–KQ78/78–105MPa，FF 级 "Y" 形采气树，并对采气树主密封、各阀门分别试压 105MPa/30min 不降。

5.11 替液、投球、坐封封隔器、验封

安装地面流程，连接水泥车并对地面流程低压端试压 8MPa，中压端试压 25MPa，高压端试压 90MPa，试压合格后，反替密度为 1.0g/cm³ 高黏隔离液 6.5m³ 和密度为 1.30g/cm³ 的环空保护液 96m³，泵压 5～34.5MPa，排量 0.20～0.25m³/min，出口控制回压 0～36.5MPa；投球坐封封隔器，验封合格，封隔器封位 4750.45m。

5.12 储层改造

为改善该井储层物性，决定对该井实施酸化作业。首先对酸化管汇、地面高压端和环空补压管线进行试压，试压合格后，高挤滑溜水 50m³，泵压 56.2～77.6MPa，套压 16.2～35.0MPa，排量 0.2～2.3m³/min；高挤前置酸 30m³，泵压 55.5～60.0MPa，套压 19.0～26.0MPa，排量 1.9～2.3m³/min；高挤主体酸 25m³，泵压 55.1～56.5MPa，套压 20.0～26.0MPa，排量 2.0～2.2m³/min；高挤后置酸 20m³，泵压 55.0～55.5MPa，套压 20.0～23.0MPa，排量 2.15～2.2m³/min；高挤滑溜水 50m³，泵压 55.0～61.0MPa，套压 18.6～26.6MPa，排量 1.7～2.2m³/min。

5.13 放喷求产

用 8mm 油嘴放喷,油压 42.35～43.09MPa,生产套压 35.22～35.39MPa,日产油 41.04m³,日产气 35×10⁴m³,B 环空压力 47.25MPa(温度效应),C 环空压力 22MPa,D 环空压力 0MPa,生产情况稳定。

6 技术总结与认识

6.1 油管断脱原因分析

对断裂失效的 3$\frac{1}{2}$in 油管进行理化性能测试分析,结果表明材料的化学成分、屈服强度、抗拉强度、断后伸长率和冲击韧性功均符合 API SPEC 5CT、ISO 13680 和塔里木油田订货补充技术条件规定要求值。

对断口处和非断口处的金相分析结果表明,材料中所含的非金属夹杂物、晶粒度及金相组织均满足标准规定要求。根据颈缩变形测量结果,表明发生颈缩量较小。

对油管管体与接箍间环空保护液物质进行 XRD 相结构分析,结果表明油管外界环境位置主要为硫酸盐、氯酸盐、磷酸盐、硅酸盐类物质,可推测引起油管材料起裂的主要物质为硫酸盐、磷酸盐和氯酸盐物质;断口的金相分析和扫描电镜观察分析,结果表明裂纹(图3.13)起源于材料外壁局部腐蚀(点蚀和缝隙腐蚀)蚀坑底部,裂纹沿径向和纵向延伸扩展,裂纹呈树枝状、阶梯状、分叉和沿晶状特征,沿晶断口被腐蚀,且有腐蚀物覆盖,其沿晶小刻面有些许腐蚀沟槽即核桃纹。外界环境中的腐蚀介质沿裂纹进入材料内部,造成材料由最初的穿晶韧性断裂逐渐向沿晶断裂转变,裂纹源位置处的断裂已转向沿晶断,靠近内壁没被液体污染的断口为穿晶断。

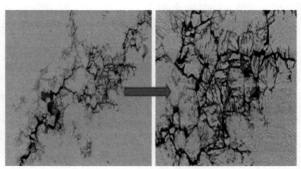

图 3.13　管体裂缝图

对裂纹源处断口清洗后的扫描电镜观察分析,结果表明受环空保护液中腐蚀介质的作用,材料断裂特征发生了转变,由韧断向脆断开始转变。对裂纹源处的 EDS 能谱分析,结果表明环境介质中所含的氯离子、硫酸盐及磷酸盐等对材料会造成应力腐蚀开裂,使裂纹扩展加速,造成最终的断裂失效。油管材料在使用中承受拉伸载荷或"拉伸 + 内压复合载荷"时,在外螺纹与接箍相连位置易出现应力集中,加之外壁受外界溶液中腐蚀介质磷酸盐、硫酸盐和氯酸盐物质腐蚀破坏,造成材料发生局部腐蚀,在蚀坑底部萌生裂纹,作用中拉应力诱发裂纹扩展延伸,在此溶液中发生穿晶和沿晶扩展开裂,导致油管材料最终发生应力腐蚀开裂失效。

6.2 腐蚀残留情况分析

受一定拉伸应力作用的金属材料在某些特定的介质中,由于腐蚀介质和应力的协同作用而发生的脆性断裂现象,叫做应力腐蚀开裂;其基本特征为:(1)典型的滞后破坏;(2)裂纹分为晶间型、穿晶型和混合型;(3)裂纹扩展速度比均匀腐蚀快约 106 倍;(4)低应力的脆性断裂。

对于腐蚀介质的来源,目前一致认为是完井过程中,压井液残留物所含有的 P、S、Cl 等元素,造成油管发生一定程度上的腐蚀,从而在应力作用下发生开裂。

此外,油管断裂在井筒中也多发生在井筒中部,主要受到两个方面的因素影响(图 3.14):一是环境因素,温度越高,应力腐蚀开裂越容易发生;二是应力水平,从井口到井底应力水平逐渐降低,超过中和点后轴向应力变为压缩,不会产生应力腐蚀开裂,环向和弯曲应力水平也非常低,不易产生应力腐蚀开裂。

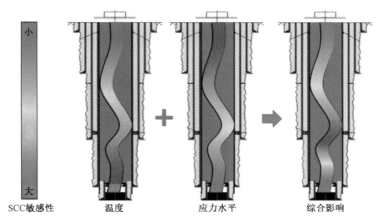

图 3.14 温度与应力水平综合影响油管示意图

同时,裂纹总是沿着垂直于拉伸主应力方向扩展。对于油管,有三个互相垂直的应力(三轴应力):(1)径向,所有径向力的方向均为压缩方向,不会造成裂纹扩展;(2)周向(或称环向 / 切向),为主应力时,裂纹沿径向扩展,表现为油管的纵向断裂;(3)轴向,为主应力时,裂纹沿圆周方向扩展,表现为油管的横向断裂。

XX2–B2 在完井过程中有别于 XX2 气田的早期气井,该井采用的是正压射孔,取出射孔枪后再下完井管柱的完井工艺,该方案避免了修井作业中射孔枪砂埋难以打捞的问题,但是油管外壁上压井液残留,为后期油管应力腐蚀开裂创造了条件,对于压井液残留我们认为在作业过程还存在以下不足。

（1）在压井液中下入完井管柱后，由于替压井液的排量和环空保护液总量受限，造成油管外壁压井液残留。

完井管柱下入时，本身管柱上配备有井下安全阀和封隔器，井下安全阀内部存在缩颈，而封隔器未坐封前与套管间隙仅 3～6mm，替液流速限制在 3m/s，很大程度上限制了环空保护液顶替压井液排量，造成油管外压井液不能顶替干净。同时图 3.15 还展示了 XX2-6 井井下安全阀在大排量循环过程中对 718 材质的井下安全阀外壁造成鱼鳞状冲蚀损伤的情况，进一步说明了在完井管柱中顶替排量受限的问题。且环空保护液用量设计有限，只有 1～2 倍井筒容积，不能充分洗净附着在油管上的压井液。

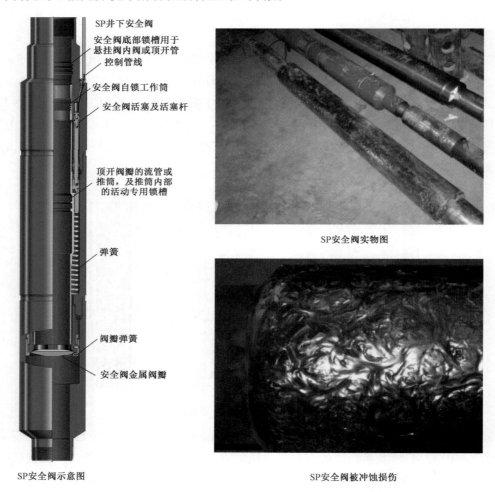

SP安全阀示意图

SP安全阀实物图

SP安全阀被冲蚀损伤

图 3.15　XX2-6 井井下安全阀及其被冲蚀损伤情况

（2）由于完井油管在压井液中浸泡时间较长，压井液存在一定老化，不容易顶替干净。现有的高压气井完井管柱在下入过程，为了确保油管扣密封可靠性，均需要做气密封检测工作，该井从起通井管柱至完井管柱下到位共用了 6 天时间，压井液经过较长时间的静置后老化,其流动性变差,附着在油管上不容易顶替干净,从而引起腐蚀物的残留。

6.3 得到的启示

（1）根据现行的高压气井完井相关标志,完井管鞋都在射孔顶界以上 20m 左右,这种完井方式对于拥有长射孔段的高压气井来说并不合适,在生产管柱下到位后,油管鞋以下的高密度压井液无法被顶替出,迪那区块射孔段跨度长达 300 多米（实际打开厚度 100m）,意味着 300 多米的射孔段被高密度压井液覆盖,导致放喷后压井液沉淀在口袋中,牺牲了部分射孔段;该井由于封隔器和油管发生下移,油管扎入到底部口袋,油管在起出后发现底部被堵死,也从侧面论证了这一点。因此,完井管柱的管鞋应下到射孔底界以下,将射孔段处的高密度压井液顶替完后再坐封封隔器。

（2）高压、低渗气井的生产管理需要进一步加强。本井呈现一个明显的高压、低渗储层特征,即关井时井口压力高达 70MPa 左右,但是在开井后油压只能维持在 20～40MPa,还有逐渐下降的趋势。而完井液密度均根据关井油压设计,开井后油压迅速降低,此时封隔器处"环空压力 + 液柱压力"将远超油管内压力,有挤扁油管的风险,图 3.16 为某高压低渗井油管挤毁后的情况。

因此,在高压低渗气井的日常管理中,很重要的一个环节就是做好环空压力监测工作,某种程度上来说,比起普通气井,高压气井的环空压力要受到更多的关注,一旦开井后环空压力受到温度升高的影响,应及时对环空采取泄压措施,使得封隔器处油套环形空间的压差处于一个安全范围;同样,在关井后,油压升高,环空压力降低时要予以补充。该井油管断口处有一个明显的缩颈,判断造成该缩颈的原因应为环空压力过高后,封隔器下移,油管被拉断而造成的。

图 3.16 某高压低渗井油管挤毁

6.4 油管切割后落鱼打捞分析

压井成功后取出上部断脱油管,采用 ϕ143mm EUE 扣大通径卡瓦捞筒（ϕ105mm 螺瓦 + ϕ112mm 止退环）打捞接箍,下打捞管柱至遇阻深度 1654.93m（落鱼下移 36.53m）,加压 6tf,上提管柱悬重由 37tf 增至 75tf,捞获落鱼,下入 ϕ65.8mm 切割弹至深度 4808.2m 切割,试提悬重由 72tf 增至 90tf 未提开,针对该情况,现场做了如下分析。

通过计算得出井内落鱼总悬重约 43.9tf,断口以下有机盐的密度为 1.4g/cm³,其浮力系数为 0.82,则井内落鱼重量约为 35.9tf。而切割后,上提管柱悬重增至 90tf 未提开,对此进行分析,认为有以下几点原因。

（1）切割弹未将油管切断。先上提最大负荷,若无法提开,则重新下切割弹进行切割;

（2）管柱在切割点以上遇卡。

决定使用钻具拉伸法计算该管柱的卡点位置,现场进行拉伸测试,每隔5t增加负荷,测试结果如下:

上提悬重 75～80tf,管柱伸长 70cm;

上提悬重 80～85tf,管柱伸长 80cm;

上提悬重 85～90tf,管柱伸长 90cm;

根据现场实际情况,悬重提至 90tf,井内管柱伸长为 230cm,由钻具拉伸法计算公式:

$$L = K \times \frac{e}{p}$$

式中　L——卡点深度,m;

　　　K——计算系数,K=715;

　　　e——管柱连续提升平均伸长,cm;

　　　p——管柱连续提升平均拉力,tf。

计算出卡点位置为5410m。所以若管柱遇卡,则卡点在切割点以下。

经过上述分析得出,管柱未提开的原因是切割弹未将油管彻底切断,故决定继续上提悬重至断口螺旋卡瓦最大承受拉力,若无法提开,则再次下切割弹重新切割油管。现场继续上提悬重至 93tf 时,悬重突然下降至 72tf,油管从切割点处脱开,起出管柱发现,油管一半被切割开,一半被过提提断,符合施工过程中的判断。

6.5　关键技术应用的认识

首次采用半压井换装井口技术,让修井作业得以成功实施。

2015 年 9 月 8 日该井油压降低至20MPa关井,关井后 A 套压力由 19.64MPa 异常升高至 54.51MPa,10月9日组织对 A 套泄压,A 环空压力没有下降迹象,放出物为可燃气体,判断油管存在漏点;关井初期,油压恢复正常,2015 年 11 月 4 日,油压从 63.94MPa 降至 51.66MPa,A 套压力从 56.32MPa 降至 44.60MPa,B 套压力从 43.74MPa 降至 41.01MPa,C 套压力从 5.09MPa 降至 4.67MPa;后油压、A 套压力突降(图 3.17),油压降至 38MPa,A 套压力降至 37.9MPa,B 套压力降至 26.8MPa,按照气侵作用原理,该井井口压力在一段时间后应恢复至关井油压,但是直至修井前,油压和 A 环空压力一直保持在 38MPa 左右,说明油管内应该堵塞严重,造成井口压力得不到恢复,通井打铅印(图 3.18)和试挤,验证了油管在 1667m 处断开,同时油管下部堵塞。

此外,2015 年 7 月 15 日,在对 XX2-B2 井进行平台期测试过程中,发现井下安全阀压力持续上涨,没有下降的趋势,未测试出平台期,现场放喷测试,发现油压为 70.1MPa,油压下降缓慢,确定井下安全阀为开启状态,判断井下安全阀无法关闭。

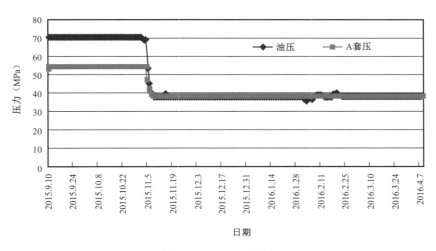

图 3.17 套压变化图

图 3.18 油管断处铅印图

针对该现状,常规的挤压井、循环压井方法都已不适用,油管断落,使得油管内工具也无法下入,如何确保压井成功,更换井口防喷器是整个施工的关键,通过分析,我们认为断点以下油管内部已经全部充填环空保护液,根据"地层压力－油管断点以下环空保护液液柱压力＝断点上部液柱压力",只要断点以上配制出合适的高密度压井液及可以实现半压井,循环测后效确认安全后就可以更换井口,若需要的压井液密度超过了现有的配制技术要求则无法实现,因此现场采取了以下措施。

(1)清水节流循环脱气。用清水正循环节流压井,泵入清水 60m³,返出清水 38m³,点火焰高 5～8m 至自熄,油压由 32.2MPa 下降至 24.41MPa,套压由 34.6MPa 下降至 14.21MPa。

(2)正挤清水,通道不通,证实油管内堵塞严重。清水正循环节流压井后再次正挤密度 1.0g/cm³ 清水 2m³,排量 34～51L/min,油压由 1.6MPa 上涨至 68.2MPa,套压由 1MPa 上涨至 70MPa。

（3）控压节流循环,替入高密度压井液压井。泄压后用清水正循环节流洗井脱气,使用密度为 2.4g/cm³ 的油基压井液正循环压井,控制回压 0~25MPa,至进出口液性能一致后,油套敞井观察,无溢流,换装防喷器。

在上述措施中,采用的控压节流循环是非常有必要的,可以有效地保证井筒内的液柱压力,防止地层天然气的侵入。通过采取以上措施,最终达到作业目的。

7　取得的效益

（1）XX2-B2 井在修井作业前处于关井停产状态,修井作业完成后投产至今累计产出原油 5813t,产出天然气 $700 \times 10^4 m^3$。

（2）通过该井的成功治理,给高压气井断路井的压井提供了很好的借鉴经验。

案例四　高压气井带压更换采气树作业

1 作业背景

塔里木盆地作为"西气东输"的主力气源地,围绕以克拉2、迪那2、牙哈为代表的国内高压气田高效开发,单井地层压力高达74~106MPa,产量高达(50~450)×$10^4m^3/d$,井下均采用了HP-13Cr材质油管(含13%Cr,材质相对较软),井口采用CAMERON、WOM等外国公司进口的采气树,受到高速气流的冲击以及Cl^-、CO_2腐蚀等影响,井口采气树在长期服役过程中产生冲蚀、腐蚀,一旦采气树出现泄漏,将是严重的事故隐患,必须及时更换或维修。

就目前国内技术状况而言,整体更换采气树一般采用压井成功后再更换采气树的方法,但该方法存在以下缺点:

(1)如果井内存在渗漏,则该井无法在压稳状态下更换采气树;

(2)压井后容易诱发气侵,在作业过程中可能发生井涌或井喷事故,塔里木油田克拉2、迪那2区块地层压力74~106MPa,气侵速度相对较快,井喷后果难以预计;

(3)压井液会对产层造成伤害,导致油(气)产量降低,甚至造成孔隙堵塞而不能生产,部分区块孔隙度一般为6%~12%,渗透率一般为(0.1~10)×$10^{-3}\mu m^2$,压井施工会造成地层伤害,严重影响单井产量;

(4)更换作业完成后替喷排液作业工艺复杂,可能会造成严重的环境污染。

显然,传统压井更换采气树技术不能有效地规避风险,不能防止压井液对储层的伤害,不能避免环境污染,不能提高换阀作业效率,经济效益差。

采用带压作业换装采气树的前提条件是要阻断井底气流,即在井下油管与井口油管挂间的某一位置处下堵塞阀,阻断井底气流后换装采气树。国内采气树生产厂家参照国外采气树生产经验,在油管挂处配有配套的背压阀,形成了一道安全屏障,适用于低压油井(井口压力≤35MPa,产气量15×$10^4m^3/d$)的采气树阀门更换,但对于高产高压气井井口(井口压力54~70MPa,产气量150×$10^4m^3/d$)采气树的更换,还没有完善的更换方案和案例。

带压作业的难点和重点:

(1)油管堵塞阀和施工专用工具的可靠性:要求放得进、坐得住、封得严、取得出,安全可靠;

(2)油管堵塞阀和施工专用工具压力要求高(承压70MPa以上);

(3)油管堵塞阀要适应13Cr油管;

（4）背压阀要有压力平衡通道,利于取出背压阀时能在两端产生平衡压力,减小扭矩,易于取出;

（5）背压阀与安装内螺纹的配合密封,在高压气体介质条件下,依靠螺纹的金属密封是不可靠的。

2 带压更换采气树技术在XX205井的应用

2.1 XX205井基本情况

2007年,作为"西气东输"主力的XX2气田共有17口采气单井,日产气量高达 $3479 \times 10^4 \text{m}^3$,凝析油18t。作为日产天然气 $150 \times 10^4 \text{m}^3$ 的XX205井井口采气树出现法兰腐蚀渗漏情况,单井井口存在严重隐患。

XX205井位于XX201井西北约2.5km处,地面海拔高度为1520.38m,井深4050m,于2004年11月17日投产,2006年井口关井油压60MPa,平均日产天然气 $150 \times 10^4 \text{m}^3$,是典型的"三高"气井,同时也是XX2气田最早投入生产的一口气井。

XX205井口型号为105MPa–78/78,1号总阀及以下是CAMERON产品,1号总阀以上是美国钻采产品,材质为EE级,左生产翼为"15000psi $3\frac{1}{16}$in闸阀 + 15000psi $3\frac{1}{16}$in安全阀",右翼为15000psi $3\frac{1}{16}$in闸阀。

XX205井的井口装置因长时间生产和防腐级别低（XX2气田 CO_2 含量为 $0.55\% \sim 0.74\%$ ）,采气树已经出现两处渗漏点（图4.1）,采气树内部很可能已受到严重的腐蚀、冲蚀,2006年该井被列为重点治理的"三高"隐患井,隐患治理的目标是将XX205井油管帽及以上部分全部更换为FF级材质以上的采气树。

图4.1　XX205井井口装置

2.2 XX205井带压换装采气树方案

XX205井油管挂的通径为76mm, $4\frac{1}{2}$in油管内径为95mm,上小下大的结构决定了在油管内下堵塞阀的方法不可行,于是租用了美国CAMERON公司不压井换装采气树工具,主要包括3in背压阀及配套送入、起出工具,通过带压送入背压阀来阻断井底气流后,关闭井下安全阀,换装采气树,再带压取出背压阀,开井下安全阀后恢复气井生产。

不压井换装采气树施工方案依据以下标准:

（1）SY/T 5127—2002井口装置及采油树技术规范;

（2）API Spec 6A 井口装置和采油树设备规范；

（3）塔里木油田 2007 年井控实施细则。

不压井换装采气树主体施工方案为：关闭井下安全阀作为第一道安全屏障,在油管挂内下入 3in 背压阀作为第二道安全屏障。

2.3 不压井换装采气树工具

（1）背压阀。

通过背压阀外螺纹与油管挂内的 BPV 螺纹相互啮合,实现背压阀的锚定,再用背压阀自身内、外密封机构来阻断井下气流,达到不压井更换装采气树的目的。解封时,以旋合螺纹的方式让取送工具和背压阀（图 4.2）连接,在旋合过程顶开背压阀的阀芯,使背压阀上下压力平衡。在取送工具抓牢背压阀后再通过摩擦扳手以机械旋转方式使背压阀外部反旋螺纹退扣,解除背压阀的锚定。

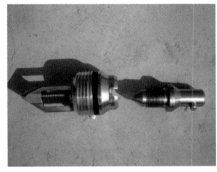

（a）背压阀及送入工具　　　　　　　（b）背压阀及取出工具

图 4.2　背压阀送入及取出工具

背压阀技术参数：

规格：3in H–BPV；设计双向压差：70MPa；

工作介质：钻井液、原油、天然气。

（2）配套工具介绍。

① 防喷管（图 4.3）：内装传送杆,开井时井下气流充满内腔,两根防喷管之间利用活接头连接,金属密封,顶端为悬挂吊环；

图 4.3　防喷管

② 传送杆（图4.4）：装在防喷管内，负责将背压阀送达与起出，下端空心并有插销孔；

图4.4　传送杆

③ 摩擦扳手（图4.5）：使用时打在传送杆上，用来送入、起出、旋转传送杆；

图4.5　摩擦扳手

④ 压力平衡调节阀（图4.6）：装在防喷管下部，1#针阀为压力表接口或液压传送接口，2#针阀为放空接口，3#、4#针阀起到上下连通、隔断的作用；

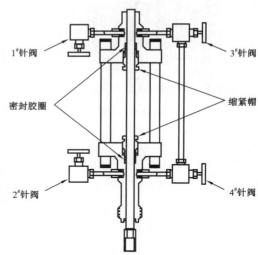

图4.6　压力平衡调节阀实物及示意图

⑤ 由壬法兰（图4.7）：上端连接防喷管，下端连接井口阀门，属中间过渡连接部件；

⑥ 送入接头（图4.8）：光杆端插入传送杆下端内孔，螺纹滑套端与背压阀内螺纹相连，用于换阀前背压阀的送进过程；

⑦ 取出接头（图4.9）：光杆端插入传送杆下端内孔，螺纹端与背压阀内螺纹相连，用于背压阀的取出过程，其与背压阀连接好后，顶通背压阀内部机构，实现背压阀上下压力平衡。

图 4.7 由壬法兰实物

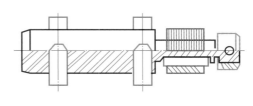

图 4.8 送入接头及其示意图

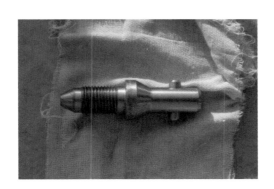

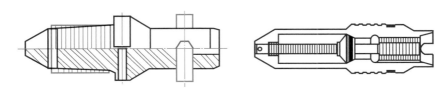

图 4.9 取出接头实物及工具示意图

2.4　背压阀模拟施工问题解析

2.4.1　背压阀带压送入过程中的难点

（1）如何保证传送杆与防喷盒间的密封。XX205井井口关井压力高达60MPa，在如此高的压力条件下，如何保证传送杆在下入过程中井口的密封性能；

（2）如何确保背压阀顺利通过采气树主通径阀门。3in背压阀的外径为$\phi 76.2$mm，而井内$3\frac{1}{16}$in/105MPa平板阀的通径只有$\phi 77.8$mm，二者间的间隙只有1.6mm，背压阀送入过程难度高；

（3）如何判断背压阀是否到达设计坐挂点（油管挂BPV螺纹处）。若单以传送杆不能下行作为判断依据是绝对不行的，因为造成传送杆不能下行的原因还有可能是传送杆在下行过程中途遇阻。

2.4.2　背压阀带压取出过程中的难点

（1）如何确保取出接头与背压阀内螺纹成功对接；

（2）如何减小瞬间上顶力对井口安装工具造成的冲击。在取出接头顶开背压阀阀芯的瞬间，井下的高压流体将窜至井口及安装工具内，如操作不当，在上顶力作用下很可能会将井口安装工具抬飞（在国外曾发生过，并造成人员伤亡）。

2.4.3　室内模拟解决背压阀施工难题

（1）室内演练。

在像XX205这样的"三高"气井进行带压作业换装采气树，且全工具为第一次引进吸收应用，为确保现场换装采气树工作顺利完成，背压阀能够下得进、坐得住、取得出、密封有效，项目组施工技术人员在井控车间安装与XX205现场井口相似的105MPa/78–78井口装置（图4.10），并根据《XX205不压井换装采气树施工方案》模拟施工中存在的难点，有针对性地在模拟井口装置上进行多次演练，经过不断摸索，找到了解决施工难点的方法，并发现了一些预先没有分析到的问题，现时培训操作规程，确保现场作业顺利进行。

（2）如何保证传送杆在下入过程中井口的密封性。

解决措施：在室内，先将密封填料压盖上紧至易于进行传送杆上行、下放操作的松紧程度，然后对安装工具进行55MPa的气密封试压。如工具密封合格，则记下压盖所上的扣数作为现场施工时的上扣标准，否则，适当上紧压盖后，再试压，直至试压合格，最终摸索出一个既能保证工具密封又能方便传送杆操作的压盖上紧扣数。

（3）如何确保背压阀能够顺利通过采气树上的阀门。

解决措施：加工一个长300mm、外径为$\phi 76.8$mm的通径规（图4.11），在下入背压阀前，

图 4.10　室内模拟演练现场换装采气树

先下入通径规,通过摸索、调整平板阀的手轮开度,直至采气树主通径处于全通径状态,这时记下每个平板阀手轮的位置,并保持该位置不动,这样便可使背压阀顺利通过采气树上的阀门。

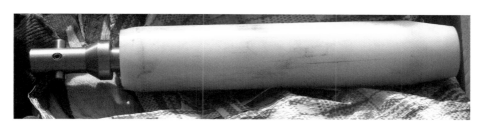

图 4.11　特殊加工的通径规

（4）如何判断背压阀是否到达油管挂处。

解决措施:准确的测绘计算是解决这个问题的好办法。通过对 XX205 现场采气树尺寸测绘,并参考采气树内部的图纸,计算出油管挂内部 BPV 扣第一扣的准确位置,在使用传送杆送入背压阀时,精确计量传送杆下行距离,通过比较 BPV 扣第一扣的位置与传送杆累计下行距离,即可判断背压阀是否下到位。

（5）在井口及安装工具泄压过程中,如何避免冰堵。

背压阀的安装工具上预留有泄压针阀(2# 针阀),但是在施工过程中,如果采用 2# 针阀来泄压,由于工具内压力高、针阀流道小,节流作用非常明显,极易出现冰堵现象,这给判断工具内压力是否泄压完全带来难度,存在安全隐患。

解决措施:用采气树的放喷管线作为泄压的主要手段,工具上的泄压通道作为辅助手段。

（6）如何确保取出接头与背压阀内螺纹成功对接。

传送杆在两道密封圈的扶正作用下，传送杆与由壬法兰面基本处于垂直状态，在这种状态下，如果由壬法兰与测试阀门法兰连接时，由壬法兰上不平就很可能使取出接头偏离背压阀阀芯，导致取出接头不能与背压阀成功对接。

解决措施：确保由壬法兰安装正确、合格。

（7）如何减小瞬间上顶力对井口安装工具的冲击。

解决措施：在取出接头顶开背压阀阀芯的瞬间，操作应非常缓慢平稳，待压力完全平衡后再继续上扣取出背压阀。

（8）如何确保背压阀退扣后能够取得出。

解决措施：在室内，先用长300mm、外径为ϕ76.8mm的通径规对新采气树通径，找出采气树主通径处于全通径时每个平板阀手轮的位置，当新采气树安装完成后，先使手轮处于平板阀全通径位置，再下入取出接头，退出背压阀。

（9）油管帽上20条裁丝螺栓的卸扣。

解决措施：① 换装采气树前，先逐个卸松检查、保养螺帽，再上紧螺帽；② 准备气焊切割工具，对于裁丝端卸松而螺帽难以卸掉的，从螺帽根部进行切割。

（10）CAMERON 提供的由壬法兰颈部无卡簧槽。

解决措施：经过测绘，在由壬法兰颈部加工卡簧槽。从这个问题的发现和处理过程，我们第一次认识到，应以更科学的态度对工具方提供的工具进行更细致的检查验收。

（11）背压阀室内试压不合格。

背压阀在室内用氮气试压至4MPa时，在背压阀的周边发生泄漏，分析发现，泄漏原因是油管挂内与背压阀密封面相配合的密封面加工尺寸与背压阀密封面存在差异，造成两个密封面间的间隙较大，不能满足密封要求。

解决措施：由于没有相应规格油管挂，不再做背压阀室内试压。

（12）传送杆上端部在经过每根防喷管的中间位置时遇到阻卡。

最初演练时，发现当传送杆（ϕ28.7mm）上、下行时，传送杆上端部在每根防喷管的中间位置均会遇到阻卡，造成传送杆无法正常上提、下放，传送杆上端部安装有备帽（ϕ30.9mm），备帽的作用是防止传送杆完全退出防喷管。

查找原因：将防喷管拆解后检查，发现在每根防喷管（ϕ32.2mm）的中间位置均有两个双向的台阶，如图 4.12 所示，防喷管存在加工缺陷，可能是采用双向开孔加工，造成两个内圆柱不同轴，出现两个台阶，并在台阶处缩径，最终造成传送杆备帽（ϕ30.9mm）无法通过。

解决措施 1：测绘传送杆备帽（ϕ30.9mm）后，加工一个带有大导角的备帽，但结果是传送杆还是不能顺利通过，说明根本原因是传送杆备帽的外径偏大。

解决措施 2：将传送杆备帽（图 4.13）拆掉后，传送杆可正常操作。在现场工程师对工具检查后，确定该工具存在加工缺陷，并认同了拆掉传送杆备帽进行操作的解决办法。

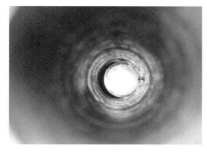

图 4.12 防喷管中间位置的两个双向的台阶

图 4.13 传送杆备帽

（13）用摩擦扳手人工操作传送杆（图4.14），难度大，不易控制。

解决措施：采用液压方式操作传送杆的送入、取出。送入传送杆时，用手压泵打压送入，取出传送杆时通过手压泵控制泄压的方式，退出传送杆。

2.5 施工步骤

（1）检查现场工具、材料、设备是否齐全，搭建作业平台；

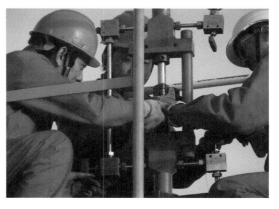

图 4.14 人工操作传送杆

（2）检查采气树各部位的密封情况、螺栓、顶丝的松紧情况，拆除影响施工的管线等；

（3）检查井下安全阀的密封情况、开关灵活情况；

（4）按顺序依次检查采气树各道阀门的开关灵活情况及密封情况；

（5）对采气树主通径进行通径；

（6）送入背压阀并坐封丢手；

（7）关闭井下安全阀；

（8）换装新采气树油管帽及以上部分（换装前调试好主通径阀门阀板位置，使其处于全

通径状态),注意保护井下安全阀控制管线;

（9）取出背压阀;

（10）打开井下安全阀;

（11）恢复油气井生产流程,开井生产。

2.6　现场施工简况

作业前首先测得关井井口压力为60MPa,然后关闭井下安全阀,将井下安全阀上部压力泄净,测试井下安全阀关闭后的密封性能,尽可能降低施工时井口压力,经过初步评估,可满足安全作业要求。逐一松开采气树油管帽螺丝,确保施工时能顺利拆卸,然后再按规定上紧,拆出井口各温变、压变传输线和井口所有管线,搭建井口操作平台,组织各施工单位进行施工交底和开展安全风险分析,对作业所用工具进行调试及试压。经过现场模拟作业,为了降低作业难度,同时进一步减小通径风险,决定正式作业之前,拆除原采油树小四通部分;将背压阀与送入工具相连,安装防喷管试压合格,下入背压阀,泄掉上部压力后,拆原采油树盖法兰,抬井口,换装新采气树油管帽及以上部分(换装前调试好主通径阀门阀板位置,使其处于全通径状态),下入取出工具取出背压阀,打开井下安全阀,恢复油气井生产流程,验漏合格后,开井生产,现场具体作业情况如下:

（1）进行施工准备,检查工具情况(图4.15);

（2）检查采气树各部位的密封情况(图4.16);

（3）检查采气树螺栓、顶丝的松紧情况(图4.17);

（4）项目施工前开展现场落实确认会(图4.18);

图4.15　施工人员检查工具情况

图4.16　施工人员密封性

图4.17　施工人员检查顶丝

图4.18　施工前项目组人员现场落实确认会

（5）水泥车打平衡压（图4.19），开井下安全阀；

（6）对采气树主通径进行通径，施工现场如图4.20所示；

（7）安装工具上压力表显示压力数据（图4.21）；

（8）操作背压阀安装工具（图4.22），送入背压阀并坐封丢手；

（9）关闭井下安全阀，将油管帽抬离井口（图4.23）；

（10）拆甩井口装置，处理拆开后的井口（图4.24）；

图4.19 水泥车打平衡压

图4.20 采气树更换

图4.21 工具上压力表正常工作

图4.22 施工人员操作背压阀安装工具

图4.23 油管帽抬离井口

图4.24 施工人员处理拆开后的井口工具

（11）安装金属密封（图4.25）；

（12）安装新油管帽（图4.26）；

（13）安装采气树小四通以上部分（图4.27）；

（14）下入取出工具取出背压阀，打开井下安全阀，完成采气树的换装作业，换装后的 XX205 井口装置如图 4.28 所示。

图 4.25　施工人员安装金属密封

图 4.26　施工人员安装新油管帽

图 4.27　施工人员安装采气树小四通以上部分

图 4.28　换装后的 XX205 井口装置

2.7　施工总结

采取不压井作业换装 XX205 井采气树施工工艺是成功的，但该工艺仍存在以下三方面缺陷：（1）高压气井背压阀坐封困难；（2）背压阀坐封后，取出操作困难；（3）密封方式有待改进。通过对 XX205 井带压换装采气树现场施工分析总结，并充分考虑工具方意见，认为仅有两道安全屏障，在施工过程中仍然存在作业风险，井下安全阀允许一定的泄漏量，一道背压阀仅靠"O"形圈密封，抬开井口后井口油管挂处有轻微的天然气渗漏，类似作业必须再增加一道安全屏障，为进一步完善高压气井带压作业提供了攻关方向。

对背压阀密封部分改进之后在 XX2-14 井进行了应用。改进之后的背压阀仍存在密封不严的情况，究其原因，可能是因为安全阀密封较好，导致胶筒上下压差过小，背压阀胶筒没有有效坐封所致。XX2-14 井使用的单向背压阀是针对 XX205 井所用背压阀做出改进后的产品，加长了密封胶筒。其原理是当背压阀安装好后，依靠其上下压差，促使其加长胶筒坐封实现密封，压差越大，密封越可靠（图 4.29）。

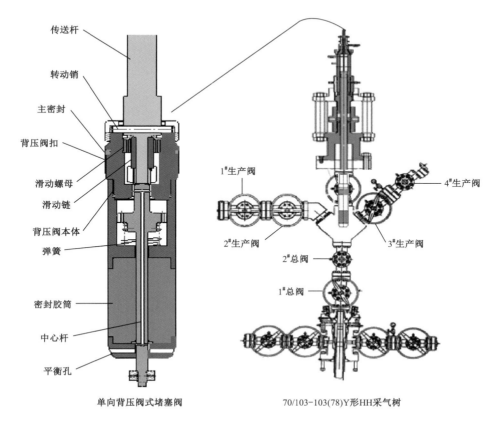

传送杆

转动销

主密封

背压阀扣

滑动螺母

滑动链

背压阀本体

弹簧

密封胶筒

中心杆

平衡孔

1#生产阀

2#生产阀

4#生产阀

3#生产阀

2#总阀

1#总阀

单向背压阀式堵塞阀

70/103-103(78)Y形HH采气树

图 4.29 XX2-14 井使用的单向背压阀示意图

3 带压换装采气树在 XXX23–1–22 井的应用

3.1 XXX23–1–22 井基本情况

XXX23-1-22 井是一口位于塔北隆起轮台断隆牙哈断裂构造带 XXX2-3 构造牙哈乡高点东端的开发井,完钻井深 5274m,于 1998 年 11 月 29 日完钻,该井天然气产量为 $4.5 \times 10^4 m^3/d$,天然气中不含 H_2S,CO_2 含量为 1.17%(摩尔分数)。

该井完井时,在 78.10m 处下有井下安全阀,在 5043.35～5045.14m 处下 HRP 封隔器,油压 21.8MPa,套压 12.3MPa。油管及油管悬挂器下连接短节的内径为 62mm。该井井口装置为 KQY78/65-70。2008 年 4 月检修时发现井口 2# 主阀存在严重腐蚀现象(图 4.30),阀体通道腐蚀后密封垫环槽的内侧只剩下很薄的部分,当时组织更换为较新的 78-70 平板闸阀,并已试压 35MPa 合格。

图 4.30　XXX23–1–22 井 2# 主阀严重腐蚀

在拆换 2# 主阀的过程中发现 1# 主阀也存在严重腐蚀现象且有内漏故障,存在较大的安全隐患。为彻底排除隐患,拟采用带压作业的方式更换该井 1# 主阀以上部分,并在拆除 1# 主阀时根据腐蚀情况决定是否更换油管帽。

3.2　更换采气树方案

采用"油管挂下背压阀 + 油管堵塞阀 + 井下安全阀(图 4.31)"的方式进行带压换装采气树作业。先关闭井下安全阀,作为第一道安全屏障,降低上部压力;然后在井口下端第一根油管内下入油管堵塞阀并液压坐封,作为第二道安全屏障,起绝对密封作用;最后在油管悬挂器内下入背压阀,作为第三道安全屏障;采取这三道安全屏障实现带压换装采气树目的,换装采气树后,先起出背压阀,再起出油管堵塞阀,最后,打开井下安全阀投产。

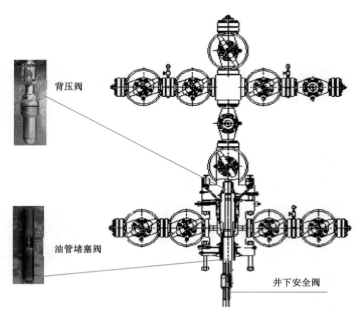

背压阀

油管堵塞阀

井下安全阀

图 4.31　XXX23–1–22 井更换采气树方案示意图

3.3 油管堵塞阀和传送工具简介

3.3.1 油管堵塞阀

利用井口送入工具组合将油管堵塞阀送到井内第一根油管内(图4.32),由送入传送杆固定,再通过传送杆内腔传输液压作用于油管堵塞阀内活塞之上,带动堵塞阀胶筒部分向上移动,首先将卡瓦张开,然后胶筒膨胀实现密封。起出时,传送杆带出工具与堵塞阀相连,当起出工具上到位后,将堵塞阀内腔顶开,释放其活塞内的液压,卡瓦回收,胶筒在自身弹性力作用下回收,便可将油管堵塞阀起出。

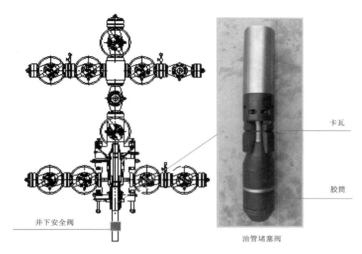

图4.32 油管堵塞阀实物及工作示意图

室内对油管堵塞阀进行耐压、密封性能、解封、强度等实验,实验结果满足要求,其密封压差可达70MPa。现场进行地面油管堵塞阀坐封试验,堵塞阀坐封后,对13Cr油管短节一端打压至30MPa,试压10min。取出堵塞阀后检查油管内壁情况完好(图4.33)。

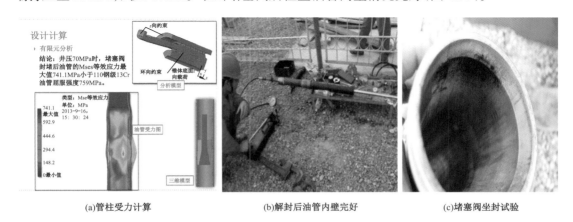

(a)管柱受力计算   (b)解封后油管内壁完好   (c)堵塞阀坐封试验

图4.33 堵塞阀卡瓦损伤性试验

3.3.2 油管堵塞阀传送工具

（1）油管堵塞阀送入工具和取出工具采用机械方式与液压缸连接为整体的方式，送入和取出安全高效。取送装置设计有压力平衡机构，可以有控制地调节压差，保证工具的送入和取出安全。

（2）油管堵塞阀传送工具主要组成：防喷管（图中红色部分）、传送光杆（空心杆）和与光杆相接的活塞（图 4.34）。通过液压作用于活塞带动光杆下行或上行，实现堵塞阀送入与起出，其空心光杆可以为堵塞阀坐封提供液压通道。

图 4.34　油管堵塞工具送入和取出装置

（3）送入和取出操作原理。

如图 4.35 所示，由 1#注入口注入液压油推动传送光杆向下传送油管堵塞阀，由传送光杆读刻度确定传送位置，2#注入口注入液压油旋转传送光杆坐封丢手油管堵塞阀，3#注入口注入液压油取出传送光杆。

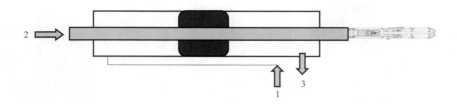

图 4.35　油管堵塞工具送入和取出操作原理

（4）油管堵塞阀传送工具技术参数：

送入取出工具长度：3500mm；

送入取出工具行程：2800mm；

送入取出工具连接形式：$3\frac{1}{2}$in EU；

设计双向压差：70MPa。

3.4 背压阀和传送工具简介

3.4.1 背压阀

工作原理：通过背压阀外螺纹与油管挂内的 H 型 BPV 螺纹相互啮合，实现背压阀的锚定，再利用背压阀自身内、外密封机构来阻断井下气流，达到不压井换装采气树的目的。

在采气树安装完毕后，通过井口对背压阀上部打压，让背压阀的双向密封阀芯向下移动实现密封，可以对安装部分试压。

解封时，以旋合螺纹的方式让取送工具和背压阀连接，在旋合过程顶开背压阀的阀芯，使背压阀上下压力平衡。在取送工具抓牢背压阀后再通过摩擦扳手以机械旋转方式使背压阀外部反旋螺纹退扣，解除背压阀的锚定，背压阀实物及工作原理如图 4.36 所示。

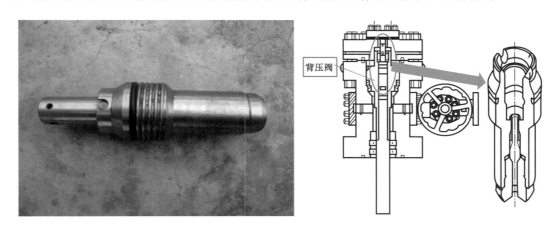

图 4.36 背压阀实物及工作原理图

3.4.2 背压阀传送工具简介

背压阀送入是通过对顶端液压缸打压，推动带顶针针头的液压杆下行，顶开单流阀平衡上下压力后，利用摩擦扳手旋转拧紧坐封丢手；背压阀取出是通过对底部打压推动液压杆上行，拧松即可取出，背压阀传送工具工作示意图如图 4.37 所示。

背压阀传送工具技术参数：

（1）取送工具长度：3500mm；

（2）取送工具行程：2500mm；

（3）BPV 规格：3in H–BPV；

（4）设计双向压差：70MPa。

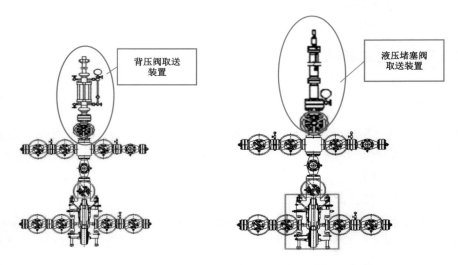

图 4.37　背压阀取送装置工作原理示意图

3.5　XXX23-1-22 井施工步骤

XXX23-1-22 井带压更换采气树具体施工作业流程如图 4.38 所示。

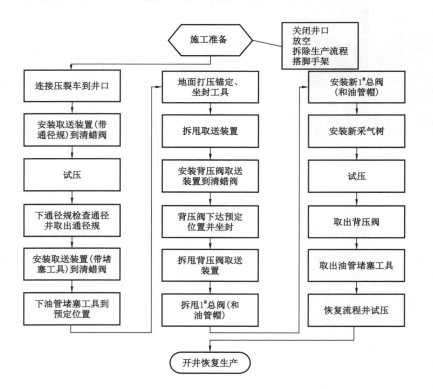

图 4.38　XXX23-1-22 井带压换采气树具体施工步骤

3.6 现场施工简况

（1）搭建操作平台（图 4.39），现场验收合格开工。

图 4.39 建操作平台现场

（2）关闭井下安全阀。

（3）安装通径规取送装置（图 4.40），并试压合格，下 ϕ74mm 通径规通径至井深 7.9m。

图 4.40 通径规取送装置

（4）在地面组装好油管堵塞阀送入工具（图 4.41），将活塞与上部光杆连接固定（下部光杆与活塞为整体），此时利用液压驱动可以使活塞上下移动，从而带动光杆上下移动。

图 4.41 组装送入工具

（5）利用吊车吊起连接好的工具串,连接好油管堵塞阀（图4.42）。

（6）将工具整体连接到井口（图4.43）。

图4.42　连接油管堵塞阀　　　　　图4.43　将工具串连接到井口

（7）通过1#注入口注入液压油,光杆带堵塞阀下行,根据上部光杆刻度判断行程,将油管堵塞阀送入坐封位置;再利用2#注入口注入液压油,堵塞阀内活塞拉动中心杆上行,顶开卡瓦坐封,继续上行,胶筒坐封,工作示意图如图4.44所示。

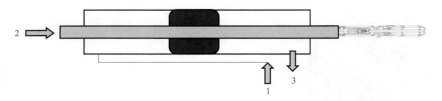

图4.44　油管堵塞阀坐封原理示意图

图4.45　取出油管堵塞阀传送工具

（8）2#注入口泄压后,堵塞阀顶部单流阀发挥作用,工具内压力得以保持,此时转动光杆,丢手成功,利用3#注入口打压后,活塞上行,取出油管堵塞阀工具,后拆除传送工具（图4.45）。

（9）在地面连接好工具,将背压阀拧入送入光杆端部,利用吊车吊装至井口（图4.46）。

（10）利用传送工具上部液压孔打压,推动活塞下行,根据光杆上刻度判断行程,将背压阀送入至油管挂以上部位（图4.47）。

（11）利用摩擦扳手,缓慢将背压阀送入油管挂内,继

图 4.46 连接好的背压阀吊装至井口

图 4.47 将背压阀送入至油管挂以上部位

续利用摩擦扳手转动光杆,将背压阀旋入 BPV 螺纹(反扣)(图 4.48)。

(12)上提光杆,背压阀键槽脱开,继续利用摩擦扳手反转光杆,此时背压阀与光杆连接的正口脱开,实现丢手后拆除传送工具(图 4.49)。

(13)拆甩原井采气树油管帽及 1# 主阀以上部分(图 4.50)。

(14)安装新油管帽及 1# 主阀(图 4.51)。

(15)对油管帽主副密封分别试压无压降,合格。安装 1# 主阀以上采气树,并对 1# 主阀及以上采气树各阀门分别试压无压降,合格(图 4.52)。

图 4.48 利用摩擦扳手将背压阀送入油管挂内

图 4.49　丢手背压阀

图 4.50　拆甩原井采气树油管帽及 1# 主阀以上部分

图 4.51　安装新油管帽及 1# 主阀

图 4.52　对油管帽主副密封、1# 主阀及以上采气树各阀门分别试压

（16）试压合格后，再次下入传送工具，根据光杆刻度下入至指定位置，再利用摩擦扳手拧入背压阀底部（正转），此时光杆越上越紧，同时光杆内部顶针将背压阀内单流阀顶开，上下压力平衡，继续正转光杆，此时背压阀外部 BPV 反扣脱开，旋转至背压阀脱开油管挂后，对传送工具液杠反打压，取出背压阀（图 4.53）。

图 4.53　取出背压阀

（17）再次下入堵塞阀传送工具，通过 1# 口注入口打压，根据刻度判断光杆位置，待接触到堵塞阀后，旋转光杆，拧入堵塞阀内部螺纹，此时光杆端部所带的顶针（图 4.54）发挥作用，顶开单流阀泄压，静置待胶筒收缩后，取出工具。

图 4.54　光杆端部所带的顶针

图 4.55　密封好，油管挂内无气泡显示

（18）打开井下安全阀，对井口验漏，验漏合格。

（19）放喷投产。

3.7　施工总结

XXX23-1-22 井带压换装采气树作业相对于 XX205、XX2-14 两口井的带压换装采气树作业，又增加了一道安全屏障——油管堵塞阀安全屏障，共形成三道安全屏障（油管挂下背压阀 + 卡瓦式油管堵塞阀 + 井下安全阀），在整个施工过程中无油气窜出井口，三道安全屏障完全阻断井底气流（图 4.55），使整个换装采气树过程安全顺利的完成，达到了预期效果。

4　带压换采气树在 XXX23-1-12 井的应用

4.1　XXX23-1-12 井的基本情况

XXX23-1-12 井是塔里木盆地塔北隆起轮台断隆牙哈断裂构造带 XXX2-3 号构造 XXX2 高点的一口注气井，完钻井深 5288.00m。该井于 1999 年 8 月 24 日开钻，11 月 17 日完钻，1999 年 12 月 14 日完井。该井无井下安全阀，7in RH 封隔器深度 5049m，油管及油管短节内径 76mm。油压 22MPa，日产油 98.56t，水 36.00t，日产气 110215m³，含 CO_2。该井井口装置为 KQ78/65-70MPa，双翼双阀、FF 级采气树。现该井采气树上法兰及 1# 主阀腐蚀内漏（图 4.56），存在较大的安全风险，为彻底排除隐患，拟采用带压作业的方式更换该井的上法兰及 1# 主阀以上部分采气树。

图 4.56　采气树上法兰及 1# 主阀存在腐蚀内漏

4.2　换采气树方案

半挤压井 + 卡瓦式油管堵塞阀 + 油管挂下背压阀。

由于本井完井管柱没有下井下安全阀,为了确保安全,在换装采气树前,注满相对当量的压井液压井。

4.3 压井液体系简介

根据完井管柱的内容积和产层的密度当量,选择对地层伤害小的压井液体系作为压井液进行半挤压井。

本次半压井工艺采用固化水体系进行作业,固化水体系耐温140℃,最少承受20MPa正压差,密度1.0～1.20g/cm³,适用于地层压力系数低、漏失严重、多个压力层段的施工。该体系利用高吸水高分子材料控制完井液体系中的自由水,通过物理脱水作用在孔眼或井壁上形成暂堵层,并利用井下高温(120℃以上)引起暂堵层的化学反应,使暂堵层形成胶质的人工井壁,有效地阻断压井液在中低渗储层的渗漏,减小了产层的伤害,保护了产层。

4.4 施工步骤

(1)先正挤入一个井筒容积的压井液;

(2)关闭两道主阀和两翼生产阀门,拆除井口采气树以外的生产流程;

(3)安装好下入装置并试压合格,将堵塞工具下至油管悬挂器以下;

(4)下背压阀至油管悬挂器;

(5)拆除上法兰、1#主阀及以上部分;

(6)安装全新上法兰及1#主阀;

(7)安装采气树2#主阀及以上部分;

(8)取出背压阀;

(9)取出液压油管堵塞工具;

(10)恢复井口生产流程;

(11)开井恢复生产。

4.5 现场施工简况

现场配制密度为1.0g/cm³的固化水40m³,安装就位设备,搭建操作平台,现场验收合格开工。水泥车地面管线试压50MPa,稳压10min合格,正挤固化水26.0m³,停泵观察,油压0MPa,套压1MPa;安装通径规取送装置,并试压70MPa/10min合格,下φ74mm通径规通径至井深7.9m;安装油管堵塞阀送入、取出装置,并试压70MPa/10min合格,下φ72mm油管堵塞阀,打压10MPa坐封油管堵塞阀,封位7.75m,泄压验封,压力0MPa,合格;安装背压阀送入、取出装置,并试压70MPa/10min合格,下入3in背压阀至油管悬挂器,坐封丢手,拆甩原井采气树油管帽及1#主阀以上部分,安装新油管帽及1#主阀,对油管帽主副密封分别试压70MPa/15min无压降,安装1#主阀以上采气树,并对1#主阀及以上采气树各阀门分别试压70MPa/15min无压降,安装背压阀取出、送入装置,并试压70MPa/10min合格,取出背压阀,安装油管堵塞阀送入、取出装置,并试压 70MPa/10min 合格,下入取出工具正转解封油管堵塞阀,观察油压 0.9MPa,取出油管堵塞阀,连接井口地面流程,并用水泥车对地面流程试压合格后,用可调油嘴管汇控制敞放,油压由 0.9MPa 下降 0MPa,套压 1MPa,无气无液,采用"连续油管 + 制氮车气举"敞放排液,举深 0～1600m,泵压 3～11MPa,排量 900m³/h 累计注氮量 3600m³,油压 0.21～2MPa,套压 0.95MPa,累计排液 3.1m³,起连续油管至井口,采用可调油嘴控制排液,油压由 6.76MPa 上升至 21.12MPa,套压 0.97MPa,出液 21.36m³,密度 1.0g/cm³,pH 值 6,累计排液 24.46m³;采用 10mm 油嘴放喷,油压 21.36～21.39MPa,套压 1.04MPa,产油 7.19m³,油比重 20℃/0.8438、50℃/0.8231,含水 17%,累计排水 25.96m³,累计产油 7.19m³。

4.6　XXX23-1-12 井施工总结

本井由于完井管柱没有安全阀,在使用"半挤压井 + 卡瓦式油管堵塞阀 + 油管挂下背压阀"三道安全屏障的措施下,完全阻断了井底气流(图 4.57),施工过程安全顺利的完成。

图 4.57　井口无气泡溢出

5　技术总结与认识

2008—2014 年,先后完成了 XX205、XX2-14、XXX23-1-22、XXX23-1-12 等"三高"气井带压换装采气树作业,均获得成功,为塔里木油田乃至全国其他油田类似工作的开展探索了新的途径,积累了经验,XX205 采用了进口背压阀与井下安全阀 2 道安全屏障,抬开采气树时发现,有微量天然气泄漏;XX2-14 针对进口背压阀密封圈强度较低,作业过程中易损坏的特点,将原胶圈密封改为胶筒密封,仍采用背压阀与井下安全阀 2 道安全屏障,作业过程中发现井口仍存在微量天然气泄漏;XXX23-1-22 井采取了井下安全阀、油管堵塞阀和背压阀等 3 道安全屏障,作业过程无天然气泄漏,操作安全顺利,起出工具完好无损,安全更加可控。根据以上几口井的带压更换采气树作业情况,总结得如下经验。

（1）施工经验。

① 安全是推广应用不压井换装采气树技术首先要考虑的问题,每口井都应根据具体井况,特别是针对高压高产气井,一定要根据操作规范制订出具体的安全防范措施;

② 在现场施工前,所有堵塞工具及安装工具均应作好探伤、强度及密封性等方面的检测工作,并进行室内试验,在有绝对把握的情况下再进行现场作业。

③ 现场的组织工作非常重要,要有专人统一指挥,各工序、各种工具的操作一定要分工到人,以避免在换装过程中出现混乱和酿成事故或延长工期。

④ 如在寒冬季节施工,对施工最大的影响因素是外界的环境温度过低,阀门可能会因冰堵或水合物等因素影响而开关不灵活,并造成假象,为避免这类情况发生,应做以下准备:准备蒸汽车及毛毡,做好保温和解堵的准备工作。避免采用含水的液体作为试压介质,尽可能减少造成阀门冰堵的因素。在开关阀门过程中,避免用力过大,损坏阀门。阀门是否开关到位,应以开关阀门时手轮所转的圈数作为判断依据,而不能以手轮转不动作为开关到位的依据。

⑤ 对于生产时间较长的油气井,大部分连接螺栓已经生锈,特别是尺寸较大的栽丝,很难拆开,应提前准备剪切螺帽的工具。

⑥ 对新工艺要科学分析,大胆应用,周密落实。

⑦ 尽量避免在寒冬季节施工,可以考虑在夏秋季节施工。

（2）取得的效益。

① 经济效益:XXX23-1-22、XXX23-1-12 井完成采气树更换均仅关井 24h（原工艺预计关井 5 天,作业费用约 160 万元）。

XXX23-1-22 作业费用 60 万元,节约 100 万元,多生产原油约 520t,产生经济效益约 158 万元,合计创造效益 258 万元;XXX23-1-12 井作业费用 60 万元,节约 100 万元,多生产原油约 450t,产生经济效益约 130 万元,合计创造效益 230 万元;两口井合计创造经济效益 488 万元;

XX205 井不压井换装采气树与压井后换装相比,节约费用 1000 余万元,节约工程时间 30 天以上,且避免了地层伤害。

② 社会效益:形成了三道安全屏障带压更换采气树技术及配套产品,为塔里木油田乃至全国其他油田类似工作的开展,探索了新的途径,积累了经验,应用前景广阔。

案例五 高压气井小油管带压作业

1 作业背景

XX201 井于 2001 年 6 月 8 日开钻,2002 年 6 月 21 日钻至完钻井深 5452.00m,完钻层位:白垩系(K)。该井原始地层压力系数为 2.06～2.26,为异常高压气井,2005 年 8 月 13 日该井在密度为 2.32g/cm³ 的压井液中下完井管柱,用"隔离液 + 有机盐(1.4g/cm³)"反替井内压井液,坐封封隔器(封位:4748.86m),用 6mm 油嘴求产,油压 49.85～55.77MPa,套压 12.32～14.01MPa,日产凝析油 30.23m³,日产天然气 30.6×10⁴m³,该井在钻完井过程累计漏失钻井液及水泥浆 629.2m³。9 月 8 日至 10 月 8 日下电子压力计至 4720m 进行等时试压,9 月 23 日至 10 月 8 日关井测恢复,油压 84.44～87.99MPa,套压 0.04～0.06MPa,实测地温梯度 2.18℃/100m。10 月 8 日上提电子压力计时,发现试井钢丝断井下,残留钢丝如图 5.1 所示,落鱼总长 1301.59m,总质量 220kg,其中 φ2.8mm 钢丝长度 1294.00m,质量 62kg,φ38mm 绳帽长度 0.14m,φ43mm 电子压力计(3 支)长度 1.25m,质量 10kg,φ50mm 加重杆(2 根)长度 6.20m,质量 148kg。鱼顶具体位置不清楚。

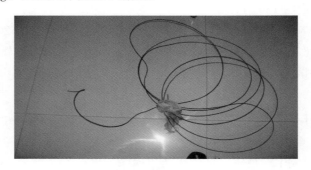

图 5.1 残留钢丝

该井于 2010 年 10 月 24 日投产,射孔段 4780.5～4992.5m(共 58.5m/9 层),日产天然气 31×10⁴m³,日产凝析油 28t,生产过程中油压波动频繁,并呈现逐渐下降趋势,且多次在井口发现砂样(图 5.2),粒径大至 1cm。截至 2015 年 11 月关井前,累产天然气 5.587×10⁸m³,累产凝析油 4.64×10⁴t。

2012 年 4 月 29 日,日产气量从 49×10⁴m³ 下降到 36×10⁴m³,油压波动现象消失,随着日产气量增大,油压再次出现波动;2014 年 10 月 21 日,日产气量从 39×10⁴m³ 下降至 32×10⁴m³,油压波动现象消失,详见 XX201 井井口压力变化曲线(图 5.3)。

XX201井2011年6月砂样照片　　XX01井2012年4月砂样照片　　XX201井2015年11月砂样照片

图 5.2　XX201 井井口砂样

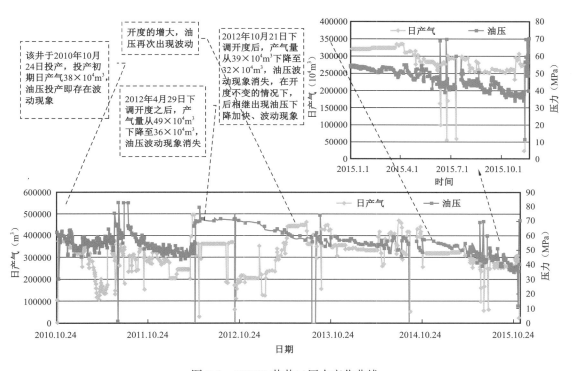

图 5.3　XX201 井井口压力变化曲线

2015 年 11 月 11 日油压异常下降至集输管线压力(11.5MPa)关井,关井 56h,井口油压从 11.5MPa 上升至 67.62MPa;现场尝试开井,18min 内油压迅速下降至 46MPa 后再次关井;第二次关井 33h 后,从 45.5MPa 恢复至 70.2MPa,表明井内产出供给受阻不连续,怀疑油管堵塞。

2015 年 11 月 25 日,现场组织注液解堵,正挤"清水 + 乙二醇"的混合液,共挤入 6.5m^3,泵压 83MPa,解堵失败,施工曲线如图 5.4 所示,从解堵情况判断油管内严重堵塞,根据 $3\frac{1}{2}$in 油管内容积为 4.54m^3/km,可以初步判断堵塞面在 1400m 左右,堵塞物可能为砂和钢丝(根据后期作业情况证明判断正确)。

经分析判断,认为井下钢丝落鱼可能存在以下四种状态(图 5.5):

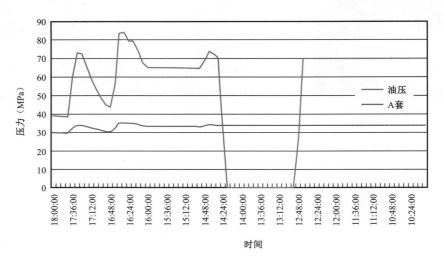

图 5.4　2015 年 11 月 25 日注液解堵

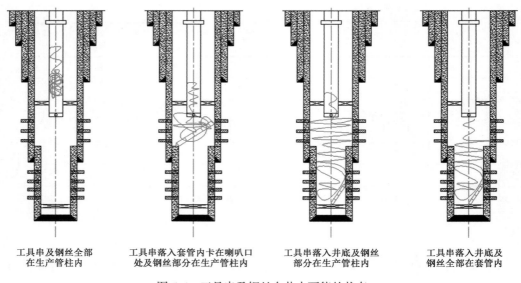

| 工具串及钢丝全部 | 工具串落入套管内卡在喇叭口 | 工具串落入井底及钢丝 | 工具串落入井底及 |
| 在生产管柱内 | 处及钢丝部分在生产管柱内 | 部分在生产管柱内 | 钢丝全部在套管内 |

图 5.5　工具串及钢丝在井内可能的状态

同时,该井投产后油压即存在波动现象,并在历史生产过程中多次在井口发现砂样,2015 年 11 月 25 日和 27 日曾对该井进行两次解堵,由于油管堵塞,泵压过高,挤注解堵失败,未能解决堵塞问题,通过分析判断,井筒堵塞的可能原因如图 5.6 所示。

根据井内堵塞情况,优选有效的修井方案。现有的修井工艺通常为修井机作业和带压作业两类,由于油管内堵塞,且塞面较高(1400m 左右),不具备上钻机修井作业条件,必须采取带压作业疏通油管,考虑到油管内可能存在钢丝,优选了小油管带压作业,原因如下。

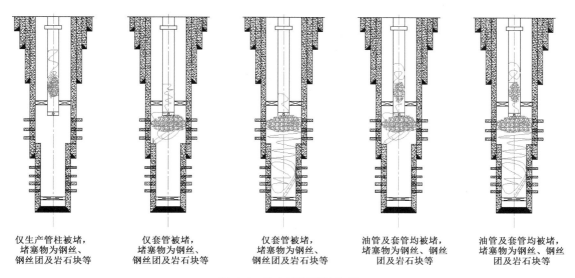

仅生产管柱被堵，
堵塞物为钢丝、
钢丝团及岩石块等

仅套管被堵，
堵塞物为钢丝、
钢丝团及岩石块等

仅套管被堵，
堵塞物为钢丝、
钢丝团及岩石块等

油管及套管均被堵，
堵塞物为钢丝、钢丝
团及岩石块等

油管及套管均被堵，
堵塞物为钢丝、钢丝
团及岩石块等

图 5.6 井内堵塞情况分析

（1）采用修井机作业无法压井：该井关井油压 70.5MPa，堵塞面（1400m）处压力为 75MPa 左右，要平衡该点压力进行压井，需要采用密度 5.46g/cm³ 的压井液进行压井作业，目前无法配制这么高密度的压井液，技术上无法实现。

（2）采用连续油管抗拉强度不够：油管内存在钢丝堵塞，钢丝顶位置和堵塞情况不清楚，同时该井在 68m 处装有井下安全阀，最小内径仅 65mm，极有可能在打捞过程出现钢丝缠绕连续油管卡钻的情况，目前注入头最大提升负荷仅为 45tf，连续油管安全抗拉值 32tf，连续油管极有可能被卡后上提拉断，造成油管内连续油管落鱼，使井下更加复杂，无法处理（根据塔里木油田二十多年来类似井的处理经验证明不能用连续油管来打捞油管内的钢丝）。

结合本井为"三高"气井，且为超深井的实际情况，决定采用"不压井设备 + 1.66in 3.02#S135 BTS-8 油管"下入工具串，通过磨铣、冲洗及打捞的方式清除井筒内的堵塞物。

1.1 基础资料

1.1.1 井身结构及套管数据

XX201 井设计井深 5950.00m，完钻井深 5452.00m，人工井底 5109.00m。

该井修井前井身结构（图 5.7）为：20in × 204.63m + $13\frac{3}{8}$in × 3498.37m + $9\frac{5}{8}$in × 3481.60m + $9\frac{7}{8}$in ×（3481.20～4597.92）m + 7in × 5134.97m + 5in ×（4842.65～5451.50）m，详细数据见表 5.1。

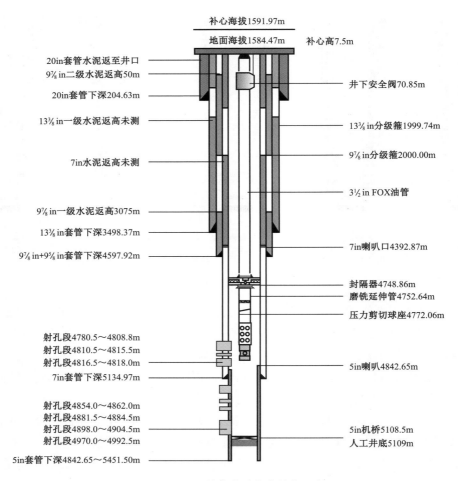

补心海拔1591.97m

地面海拔1584.47m　补心高7.5m

20in套管水泥返至井口

9⅞in二级水泥返高50m

20in套管下深204.63m

13⅜in一级水泥返高未测

7in水泥返高未测

9⅞in一级水泥返高3075m

13⅜in套管下深3498.37m

9⅞in+9⅝in套管下深4597.92m

射孔段4780.5～4808.8m

射孔段4810.5～4815.5m

射孔段4816.5～4818.0m

7in套管下深5134.97m

射孔段4854.0～4862.0m

射孔段4881.5～4884.5m

射孔段4898.0～4904.5m

射孔段4970.0～4992.5m

5in套管下深4842.65～5451.50m

井下安全阀70.85m

13⅜in分级箍1999.74m

9⅞in分级箍2000.00m

3½in FOX油管

7in喇叭口4392.87m

封隔器4748.86m

磨铣延伸管4752.64m

压力剪切球座4772.06m

5in喇叭4842.65m

5in机桥5108.5m

人工井底5109m

图 5.7　XX201 井修井前井身结构示意图

表 5.1　XX201 井套管数据

井身结构数据					
套管尺寸（in）	下入井段（m）	钢级	壁厚（mm）	扣型	水泥返高（m）
20	0～204.63	J55	12.70	BC	地面
13³/₈	0～3498.37	SM110TT	12.19	BC	地面
9⁵/₈	0～3481.60	NT110HS	11.99	NS-CC	地面
9⁷/₈	3481.20～4597.92	K0110TS	15.88	BC	
7	0～5134.97	NKHC140	12.65	3SB	地面
5	4842.65～5451.50	P110	9.19	LC	4842.65

1.1.2 井内管柱

修井前井内管柱情况（表 5.2）（自上而下）：油管挂 + 双公短节 + ϕ88.9mm × 6.45mmS13Cr-110/FOX 油管 6 根 + 短油管 1 根 + 上流动接箍 + 井下安全阀（下深：70.85m，内径 68.33mm）+ 下流动接箍 + 短油管 1 根 + ϕ88.9mm × 6.45mmS13Cr-110/FOX 油管 484 根 + 短油管 12 根 + THT 封隔器（下深：4748.86～4750.65m，内径 73.46mm）+ 磨铣延伸筒 + ϕ88.9mm × 6.45mmS13Cr-110/FOX 油管 2 根 + 管鞋式剪切球座（下深 4772.06m）。

表 5.2 XX201 井目前井内详细完井管柱

7in 35#		油管规格	$3\frac{1}{2}$in 9.2ppf S13Cr-110 FOX			油补距（m）		6.60
序号	名称	内径（mm）	外径（mm）	扣型	数量（根）	长度（m）	下入深度（m）
1	油管挂	76.00		$3\frac{1}{2}$in FOX B × P	1	0.54	7.09
2	双公短节	76.00	88.90	$3\frac{1}{2}$in FOX B × P	1	0.84	7.93
3	油管	76.00	88.90	$3\frac{1}{2}$in FOX B × P	6	57.21	65.68
4	短油管	76.00	88.90	$3\frac{1}{2}$in FOX B × P	1	1.51	67.19
5	上流动接箍	73.15	105.41	$3\frac{1}{2}$in FOX B × P	1	1.75	68.94
6	井下安全阀	68.33	148.84	$3\frac{1}{2}$in FOX B × P	1	1.91	70.85
7	下流动接箍	73.15	105.41	$3\frac{1}{2}$in FOX B × P	1	1.75	72.60
8	短油管	76.00	88.90	$3\frac{1}{2}$in FOX B × P	1	2.03	74.63
9	油管	76.00	88.90	$3\frac{1}{2}$in FOX B × P	484	4668.30	4742.31
10	短油管	76.00	88.90	$3\frac{1}{2}$in FOX B × P	2	4.00/2.00	4746.31/4748.31
11	THT 封隔器	73.46	138.89	$3\frac{1}{2}$in FOX B × P	1	0.55/1.79	4748.86/4750.65
12	磨铣延伸管	74.07	88.90	$3\frac{1}{2}$in FOX B × P	1	1.99	4752.64
13	油管	76.00	88.90	$3\frac{1}{2}$in FOX B × P	2	19.09	4771.73
14	管鞋式剪切球座	43.94/73.10	108.46	$3\frac{1}{2}$in FOX B × P	1	0.33	4772.06

1.1.3 固井质量

XX201 井固井质量情况见表 5.3、表 5.4、表 5.5。

表 5.3　XX201 井 244.47mm/250.82mm 套管固井质量评价

二级固井		一级固井					
井段（m）	质量评价	井段（m）	质量评价	井段（m）	质量评价	井段（m）	质量评价
0~50	自由套管	3000~3075	自由套管	3990~3991	中	4345~4355	中
50~1685	差	3075~3865	差	3991~3992	优	4355~4357	优
1685~1724	中	3865~3874	优	3992~4042	自由套管	4357~4482	差
1724~1727	优	3874~3879	中	4042~4043	优	4482~4509	优
1727~1850	中	3879~3885	优	4043~4150	自由套管	4509~4559	差
1850~2000	差	3885~3942	差	4150~4181	优	4559~4585	自由套管
		3942~3947	中	4181~4267	差	4585~4598	未测
		3947~3989	差	4267~4278	中		
		3989~3990	优	4278~4345	差		

表 5.4　XX201 井 177.80mm 套管固井质量评价

井段（m）	质量评价	井段（m）	质量评价	井段（m）	质量评价	井段（m）	质量评价
4392.87~4418	优	4710~4765	差	4910~4919	差	5007~5031	优
4418~4431	差	4765~4798	优	4919~4927	优	5031~5040	差
4431~4478	优	4798~4820	中	4927~4939	中	5040~5077	优
4478~4502	差	4820~4850	优	4939~4964	优	5077~5084	中
4502~4518	优	4850~4881	中	4964~4971	差	5084~5098	优
4518~4547	中	4881~4896	优	4971~4981	优	5098~5115	差
4547~4686	差	4896~4906	差	4981~5002	优	5115~5120	优
4686~4710	中	4906~4910	优	5002~5007	差	5120~5135	未测

表 5.5　XX201 井 127.00mm 套管固井质量评价

井段（m）	质量评价	井段（m）	质量评价	井段（m）	质量评价	井段（m）	质量评价
4842.65~5237.5	差	5325~5340	优	5400~5401	差	5417~5422	中
5237.5~5242.5	中	5340~5365	差	5401~5402	中	5422~5423	差
5242.5~5270	差	5365~5370	中	5402~5405	差	5423~5424	中
5270~5273	中	5370~5377	差	5405~5408	差	5424~5432	差
5273~5287	差	5377~5380	中	5408~5412	差	5432~5451.5	未测
5287~5290	中	5380~5385	差	5412~5413.5	中		

井段（m）	质量评价	井段（m）	质量评价	井段（m）	质量评价	井段（m）	质量评价
5290～5296	差	5385～5390	中	5413.5～5414	差		
5296～5298	中	5390～5395	优	5414～5416	中		
5298～5325	差	5395～5400	中	5416～5417	差		

1.1.4 流体性质

XX201井目前氯离子24023mg/L,原油、天然气、井口产出水物性参数见表5.6、表5.7、表5.8。

表 5.6 XX201井古近系原油物性参数表

取样日期	20℃密度（g/cm³）	50℃动力黏度（mPa·s）	凝点（℃）	含蜡量（%）	胶质（%）	沥青质（%）	含硫（%）
2013.10.09	0.8139	1.157	6.0	9.5	0.82	0.01	0.0450

表 5.7 XX201井古近系天然气物性参数表

取样日期	甲烷（%）	乙烷（%）	氮气（%）	二氧化碳（%）	H_2S（mg/m³）	相对密度	取样空气含量（%）
2013.10.09	89.0	7.35	0.856	0.307	0	0.6299	2.18

表 5.8 XX201井井口产出水物性参数表

取样日期	密度	pH 值	氯离子（mg/L）	阴离子总量（mg/L）	阳离子总量（mg/L）	总矿度（mg/L）	苏林分类
2013.10.09	1.0026	5.13	1860	1964	1332	3295	氯化钙

1.1.5 环空保护液

环空保护液为密度 1.40g/cm³ 的有机盐。

2 小油管带压作业

2.1 作业方案

2.1.1 作业目的

不动生产管柱疏通生产通道,恢复正常生产。

2.1.2　作业总体方案

采用不压井设备通过磨铣、冲洗及打捞的方式带压清除井筒内的堵塞物,具体方案如下。

（1）带压下磨铣、冲洗工具串进行磨铣,如果循环冲洗和磨铣无进尺或者进尺缓慢,则起出磨铣工具串。

（2）下钢丝团套铣打捞工具串套铣打捞。

（3）下钢丝打捞工具串尝试钢丝打捞。

（4）若通过磨铣、打捞的方式将工具串上部的钢丝已清理干净,并且工具串未出生产管柱管鞋,则下专用打捞工具将工具串打捞出井口。

（5）疏通生产管柱至管鞋处(4772m),起作业管柱至井口,然后放喷求产,如果产量达到预期,则结束作业;如果产量未达预期,则继续向下疏通套管。

（6）带压下磨铣、冲洗工具串过生产管柱管鞋继续向下疏通井筒,直到射孔底界(4992.5m)以下20～30m,循环压井液1.5～2周,然后循环高黏液2～3m^3,替出压井液后试生产。

2.1.3　井控装备

该井采用15K带压作业装置(图5.8),带压作业井控装置(从下至上):采气树＋78-105MPa手动闸阀＋安全半封＋安全半封＋卡瓦闸板防喷器＋卡瓦闸板防喷器＋剪切/全封闸板防喷器＋全封闸板防喷器＋安全半封＋安全半封＋带压作业半封闸板＋带压作业半封闸板＋70MPa环形防喷器＋15K带压作业设备。

图5.8　带压作业井口现场

2.1.4　地面流程

地面流程采用Ⅰ类高压、求产地面测试流程(图5.9),主流程采用全套数据采集系统、105MPa液动安全阀、105MPa法兰管线、ESD、MSRV、高压数据头、105MPa除砂器、105MPa

油嘴管汇、低压数据头、35MPa 热交换器、10MPa 分离器、化学注入泵、缓冲罐;$4\frac{1}{2}$in 及以上地面放喷管线等流程;按油田公司 Q/SY TZ0074—2001《地面油气水测试计量作业规程》及《塔里木油田试油井控实施细则》(2012 年)的要求对地面流程进行安装、试压、调试、固定。

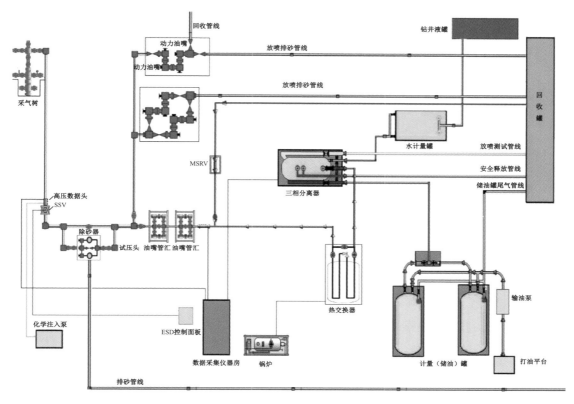

图 5.9　地面流程示意图

2.1.5　修井液要求

修井液采用无固相弱凝胶修井液,密度 1.1g/cm³,黏度 50~60mPa·s,该配方抗温可达到 130℃,配方:清水 + NaOH + Na_2CO_3 + 0.5% 凝胶 + 0.5% 增黏剂植物蛋白衍生物 + 2% 抗高温降滤失剂 + 3% 抗高温护胶剂,基本性能见表 5.9。

表 5.9　修井液性能测试结果

温度(℃)	表观黏度(mPa·s)	塑性黏度(mPa·s)	动切力(Pa)
室温	58.5	23	35.5
110	27.7	18.2	9.5
130	19.35	7.5	11.85

要求:必须采用现场水再次进行高温高压流变性实验,确保作业安全。

2.1.6 压井液要求

现场要求储备足量的压井材料,要求能够配备适量密度为 1.90g/cm³ 的压井液,以备压井需要。施工作业中应根据现场实际井况对压井液的密度、黏度及用量及时做出调整,同时做好压井液的回收保存准备工作。

2.2 作业工序及要求

2.2.1 安装设备

安装好防喷器组,连接好地面流程,并按带压作业技术规程要求对防喷器组、地面流程试压合格。

按带压作业技术规程做好防喷器、液压缸、卡瓦、液压控制系统的检查和调试工作。

2.2.2 开工前验收

作业设备安装调试好后,逐项进行验收,若达不到验收标准,则停止下步作业进行整改。所有井口装备及地面设备安装试压合格并试运行正常,在验收合格并做好应急演练后方可开工。

2.2.3 泄压、压井、观察

(1)在采气树侧翼阀门安装好校核的压力表,监测录取油、套压力,以便为后续作业提供依据;

(2)对井口控制系统加压打开井下安全阀,通过地面流程泄油压至 20MPa 左右,观察压力恢复情况并做好观察记录;

(3)先采用密度为 1.1g/cm³ 的修井液向油管内试挤,以观察油管畅通情况;若油管挤注压井顺畅则向油管内挤注 1.5 倍油管容积以上修井液进行挤注压井,若油管堵塞严重,施工泵压高,则可采取多次挤注、关井置换的方式压井,直至将井口压力降至安全施工要求范围内;

(4)压井(采用 1.1g/cm³ 修井液充满油管柱后井口余压最高在 37MPa 左右)后观察,若观察时间满足后续安全作业时间要求,则转入后续作业。

2.2.4 带压下冲洗工具串疏通油管

(1)缓慢下入带压冲洗管柱,每下入 10 根小油管,上提、下放测量悬重并记录,循环修井液;

(2)工具第一次通过井下安全阀前,进一步确认井下安全阀处于全开状态,缓慢下工具过井下安全阀,反复三次,确认井下安全阀全开,以同样的方式下全部工具串过安全阀,确认工具串在井下安全处无阻卡;

（3）下放管柱过程中，遇阻后下压不超过 0.5tf，并起出 1 根油管，循环修井液 1.5 周以上，将工具串以上的环空彻底清洗干净，要求出口过筛；

（4）循环过程中调整井口回压，控制压力在无漏失、无溢流的回压范围；

（5）疏通管柱过程中根据井下情况，采用磨铣、套铣及打捞等工具交替作业，以达到疏通油管的目的。

2.2.5 下打铅印管柱

带压下工具串探鱼顶，记录好鱼顶位置，并循环井内压井液至进出口液性能一致，起出管柱。

下打铅印工具串，起出打铅印工具串，对打印铅模进行分析。

2.2.6 磨铣

再次探鱼顶，探到鱼顶后对落鱼进行磨铣。

2.2.7 打捞油管内工具串

下钢丝团套铣打捞工具串及钢丝打捞工具串进行打捞作业；根据井下情况，采用磨铣、套铣式捞筒及内捞钩等工具交替使用疏通生产油管，疏通至生产管柱管鞋处（4772.06m）则起出作业管柱。

若通过磨铣、打捞的方式将工具串上部的钢丝已清理干净，并且工具串未出生产管柱管鞋，则下专用打捞工具将工具串打捞出井口。

2.2.8 排液、测试

用 5mm 油嘴进行放喷排液，出口见油气后进地面测试计量流程求产，具体油嘴尺寸可根据现场情况进行调整；若产能未达预期目标，则继续向下疏通套管。

2.2.9 套管内磨铣

带压下磨铣、冲洗工具串过生产管鞋继续向下疏通井筒，在作业过程要求注意在过油管柱变径处、井下工具处以及管鞋处缓慢起下，直到射孔底界（4992.5m）以下 20～30m，循环压井液 1.5～2 周，然后循环高黏液 2～3m³，起出作业管柱，结束带压作业。

2.2.10 交井、恢复生产流程

交井，恢复生产流程。

2.3 作业管柱配置

（1）磨铣、冲洗工具串（自上而下）：1.66in 油管 + 工具串 + 磨鞋。

（2）钢丝团套铣打捞工具串（自上而下）：1.66in 油管 + 工具串 + 套铣式壁窗捞筒。

（3）钢丝打捞工具串（自上而下）：1.66in 油管 + 工具串 + 内捞钩。

（4）泵车组、循环节流系统、加热系统、循环罐、储液罐等配套设施配应齐全。

2.4 作业风险提示

（1）本井 3426.5～4364.0m 井段为膏盐岩层，4480.0～4759.0m 井段为膏泥岩层，注意防止套管变形。

（2）本井为"三高"气井，且为超深井，测试求产和投产气层段属于超高压地层，预测目前气藏中深地层压力 85.88MPa，作业人员要做好井控的一切措施和不同工序预计可能风险的安全应急预案，确保井控安全。

（3）本井作业为带压作业，存在井控风险，需做好施工过程中的各项井控工作。

（4）带压作业过程中可能出现泵车故障、管线刺漏及工艺需要紧急停泵，导致碎屑沉降引起卡钻，需在磨铣、套铣前循环液体，利用流量计实时检测泵排量、返出流量。

（5）由于存在环空碎屑未能彻底循环出井口引起卡钻、作业过程中导致油管或者套管损坏等风险，应提前根据施工方案与步骤，分析作业中可能存在的风险，并制订相应的应急预案。

3 作业情况

该井带压疏通生产管柱作业施工共计 51 天，其中带压作业 32 天，带压作业辅助作业 19 天，主要工艺包括带压下循环冲洗管柱，带压下钢丝打捞工具，带压下入磨铣工具串。XX201 井起下管柱共 18 趟，总计起下 78866.6m，总计捞出钢丝 47.35m，钻磨总进尺 489.74m。

3.1 作业简况

3.1.1 第一趟管柱

（1）工具串组合：ϕ54mm 喷嘴（ϕ8mm 喷眼 + ϕ5mm 喷眼 ×4）+ ϕ54mm 双向振击器 + ϕ54mm 加重杆 + ϕ54mm 加速器 + ϕ54mm 循环滑套 + ϕ54mm 液压丢手 + ϕ49mm 双阀瓣单流阀 2 个，总长 9.87m。

（2）下钻过程：下冲洗管柱冲洗至井深 4113.05m，循环密度为 1.17g/cm³ 的修井液洗井，泵压 84～90MPa，排量 0.30～0.32m³/min，回压 24～21MPa。

（3）冲洗过程：下冲洗管柱冲洗至井深 8m、27.2m、317.37m 遇阻，遇阻加压 0.2tf，冲洗通过；下冲洗管柱至 4108.27m，遇阻 2tf，复探 2 次，经过多次冲洗通过；下冲洗管柱至 4113.05m 遇阻 2tf，上下循环冲洗无法下入，下压管柱 5tf，遇阻点不变，确定该处有坚硬物体。

（4）冲洗结果：冲洗至井深4113.05m，检查除砂器滤芯返出砂砾和铁屑约2L，见少量细如头发的钢丝），确定4113.05m处为坚硬物体，喷嘴水眼有中度冲蚀现象（图5.10）。

图5.10 冲洗过程中返出的砂砾、铁屑及被冲蚀的喷嘴

3.1.2 第二趟管柱

（1）工具串组合：ϕ57mm 螺旋捞矛 + ϕ54mm 液压丢手 + ϕ42mm 油管短节 + ϕ54mm 双向振击器 + ϕ54mm 加重杆 + ϕ54mm 液压丢手 + ϕ49mm 双阀瓣单流阀2个 + 油管3根 + ϕ54mm 加速器 + 油管1根 + ϕ49mm 坐落接头。

（2）下钻过程：下钢丝捞矛工具串至3752.75m，上提悬重8tf，下放悬重5.5tf。

（3）打捞过程：遇阻加压1.2tf，边正转边上提下放管柱至3756.95m，上提悬重8tf，下放至5.5tf，转10圈，扭矩680～800N·m，起打捞管柱至3593.63m，上提悬重10tf，下放悬重8.2tf，过提；起打捞管柱至3555.17m，上提10tf，正转管柱10圈，上提10tf，起打捞管柱至3487.84m，最大上提悬重至22tf，正循环密度为2.10g/cm^{3}的压井液洗井，泵压50～59MPa，排量0.15m^3/min，上下活动管柱10次，活动范围0～16tf，管柱位置无明显变化；继续正循环密度为2.10g/cm^{3}的压井液洗井，井深3487.84m，泵压10～19MPa，排量0.08m^3/min，上提悬重至16tf，快速下放悬重至0tf，震击下击10次，管柱位置无明显变化，上提悬重至21tf，震击上击4次，管柱位置无明显变化，上提悬重至23tf，震击上击1次解卡，起出打捞管柱。

（4）打捞结果：ϕ58mm 钢丝捞矛下部断脱（图5.11），落鱼长度23cm，壁厚9mm。

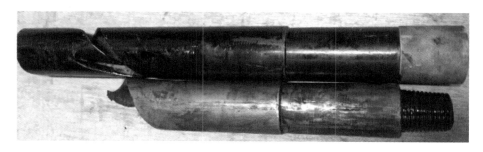

图5.11 钢丝捞矛下部断脱

3.1.3　第三趟管柱

（1）工具串组合：ϕ57mm 钢丝内捞矛（图5.12）+ ϕ54mm 液压丢手 + ϕ42mm 油管短节 + ϕ54mm 双向振击器 + ϕ54mm 加重杆 + ϕ54mm 液压丢手 + ϕ49mm 双阀瓣单流阀2个 + 油管3根 + ϕ54mm 加速器 + 油管1根 + ϕ49mm 坐落接头。

图 5.12　ϕ57mm 钢丝内捞矛

（2）下钻过程：下钢丝内捞钩管柱至3476.92m，上提悬重6.8tf，下放悬重5.5tf。

（3）打捞过程：遇阻加压1tf，复探2次，探得鱼顶，上提管柱5m，下放管柱加压1tf，反复打捞4次；上提管柱6m，正转管柱5圈，下放管柱加压1tf；上提管柱6m，下放管柱加压1tf；起打捞管柱至70.95m，上提遇卡0.45tf，在70.95~90m范围内上下活动4次，上提遇卡0.8tf，通过遇卡位置，起出工具串。

（4）打捞结果：捞钩上捞获钢丝约6m，钢丝0.1~0.6m长度不等且有轻微腐蚀（图5.13）。

图 5.13　捞钩上捞获钢丝

3.1.4　第四趟钻

（1）工具串组合：ϕ57mm 钢丝内捞矛 + ϕ54mm 液压丢手 + ϕ42mm 油管短节 + ϕ54mm 双向振击器 + ϕ54mm 加重杆 + ϕ54mm 液压丢手 + ϕ49mm 双阀瓣单流阀2个 + 油管3根 + ϕ54mm 加速器 + 油管1根 + ϕ49mm 坐落接头。

（2）下钻过程：下钢丝内捞钩打捞管柱至91.98m。

（3）打捞过程：上下活动3次，遇阻0.5tf，上提至53.53m悬重正常，下放至70.03m遇阻0.5tf，起出工具串检查。

（4）打捞结果：捞获钢丝长度约2m，钢丝长度不等，且有轻微腐蚀（图5.14）。

3.1.5 第五趟钻

（1）工具串组合：$\phi54mm$ 钢丝外捞矛 + $\phi54mm$ 液压丢手 + $\phi42mm$ 油管短节 + $\phi54mm$ 双向振击器 + $\phi54mm$ 加重杆 + $\phi54mm$ 液压丢手 + $\phi49mm$ 双阀瓣单流阀 2 个 + 油管 3 根 + $\phi54mm$ 加速器 + 油管 1 根 + $\phi49mm$ 坐落接头。

图 5.14 捞获的钢丝

（2）下钻过程：第 5 根油管下入约 5m 有遇阻显示，正常下放悬重 0.68tf，此处下放至 0，继续下放，悬重恢复正常。

（3）打捞过程：下外捞矛至 68.94m，上提 1.13tf，下放 0.68tf，无遇阻显示，继续下放至 69.94m，仍无遇阻显示。上提至 68.94m，正转 3 圈，扭矩为零，然后边上提边正转，无过提显示，扭矩为零，共上提 1.5m，共旋转 3 圈。起钻，悬重 1.13tf。

（4）打捞结果：共捞出钢丝 1.13m（0.27m + 0.78m + 0.08m），如图 5.15 所示。

图 5.15 捞获的钢丝

3.1.6 第六趟钻

（1）工具串组合：$\phi57mm$ 钢丝内捞矛 + $\phi54mm$ 液压丢手 + $\phi42mm$ 油管短节 + $\phi54mm$ 双向振击器 + $\phi54mm$ 加重杆 + $\phi54mm$ 液压丢手 + $\phi49mm$ 双阀瓣单流阀 2 个 + 油管 3 根 + $\phi54mm$ 加速器 + 油管 1 根 + $\phi49mm$ 坐落接头。

（2）下钻过程：下工具串至井下安全阀顶部，上提 0.91tf，下放 0.45tf。工具串遇阻，下压 0.45tf（管柱全部重量）通过。第 8 根油管全部下入，上提，工具串通过安全阀时有挂阻现象。再次下工具串过安全阀，工具串遇阻。

（3）打捞过程：下压 0.45tf 通过，接第 9 根油管下入遇阻，下压 0.45tf（管柱全部重量）通过；接第 10 根油管下完，上提 0.91tf，下放 0tf。接第 19 根油管，下放遇阻 0.23tf，起钻，过安全阀时有挂卡现象，过提 0.45tf 通过安全阀，后悬重恢复正常。

（4）打捞结果：捞获 3.6m 钢丝（图 5.16）。

图 5.16　捞获的钢丝

3.1.7　第七趟钻

（1）工具串组合：ϕ57mm 钢丝内捞矛 + ϕ54mm 液压丢手 + ϕ42mm 油管短节 + ϕ54mm 双向振击器 + ϕ54mm 加重杆 + ϕ54mm 液压丢手 + ϕ49mm 双阀瓣单流阀 2 个 + 油管 3 根 + ϕ54mm 加速器 + 油管 1 根 + ϕ49mm 坐落接头。

（2）下钻过程：下工具串入井至第 8 根油管方余 1.5m 遇阻，上提悬重正常。

（3）打捞过程：下压 2.23tf，起钻，过安全阀时有挂阻现象，过安全阀后悬重恢复正常。

（4）打捞结果：捞获 3.6m 钢丝（图 5.17）。

图 5.17　捞获的钢丝

3.1.8　第八趟钻

（1）工具串组合：ϕ57mm 钢丝内捞矛 + ϕ54mm 液压丢手 + ϕ42mm 油管短节 + ϕ54mm 双向振击器 + ϕ54mm 加重杆 + ϕ54mm 液压丢手 + ϕ49mm 双阀瓣单流阀 2 个 + 油管 3 根 + ϕ54mm 加速器 + 油管 1 根 + ϕ49mm 坐落接头。

（2）下钻过程：下工具串过安全阀无遇阻显示。下第 12 根油管方余 3m 时遇阻。

（3）打捞过程：下压 0.45tf（管柱自身重量）通过遇阻点，悬重恢复正常。第 14 根油管方余 1.5m 时遇阻，下压 0.68tf 通过遇阻点。第 20 根油管下完，正转 3 圈，无扭矩显示，起钻，悬重恢复正常。工具串过安全阀时无挂卡显示。

（4）打捞结果：无捞获。

3.1.9　第九趟钻

（1）工具串组合：ϕ57mm 钢丝内捞矛 + ϕ54mm 液压丢手 + ϕ42mm 油管短节 + ϕ54mm

双向振击器 + ϕ54mm 加重杆 + ϕ54mm 液压丢手 + ϕ49mm 双阀瓣单流阀 2 个 + 油管 3 根 + ϕ54mm 加速器 + 油管 1 根 + ϕ49mm 坐落接头。

（2）下钻过程：下工具串过安全阀时无遇阻显示，下至第 23 根油管仍无遇阻显示。

（3）打捞过程：正转管柱 3 圈，扭矩为零。起钻悬重正常，工具串通过安全阀时无挂阻显示。

（4）打捞结果：捞获 3 节钢丝（图 5.18），总长 1.2m。

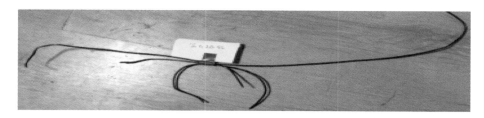

图 5.18　捞获的钢丝

3.1.10　第十趟钻

（1）工具串组合：ϕ57mm 钢丝内捞矛 + ϕ54mm 液压丢手 + ϕ42mm 油管短节 + ϕ54mm 双向振击器 + ϕ54mm 加重杆 + ϕ54mm 液压丢手 + ϕ49mm 双阀瓣单流阀 2 个 + 油管 3 根 + ϕ54mm 加速器 + 油管 1 根 + ϕ49mm 坐落接头。

（2）下钻过程：下打捞管柱至 582.08m，遇阻 0.5tf。

（3）打捞过程：遇阻 0.5tf，用管钳转打捞管柱 1 圈。

（4）打捞结果：捞获 2m 钢丝，每段 0.1～0.4m 不等。

3.1.11　第十一趟钻

（1）工具串组合：ϕ57mm 钢丝内捞矛 + ϕ54mm 液压丢手 + ϕ42mm 油管短节 + ϕ54mm 双向振击器 + ϕ54mm 加重杆 + ϕ54mm 液压丢手 + ϕ49mm 双阀瓣单流阀 2 个 + 油管 3 根 + ϕ54mm 加速器 + 油管 1 根 + ϕ49mm 坐落接头。

（2）下钻过程：下打捞管柱至 3476.71m。

（3）打捞过程：遇阻 2tf，上提 5m，打捞 2 次。

（4）打捞结果：捞获 27m 钢丝（图 5.19）。

图 5.19　捞获的钢丝

3.1.12　第十二趟钻

（1）工具串组合：ϕ57mm 螺旋捞矛 + ϕ54mm 液压丢手 + ϕ42mm 油管短节 + ϕ54mm 双向振击器 + ϕ54mm 加重杆 + ϕ54mm 液压丢手 + ϕ49mm 双阀瓣单流阀 2 个 + 油管 3 根 + ϕ54mm 加速器 + 油管 1 根 + ϕ49mm 坐落接头。

（2）下钻过程：下打捞管柱至 91.71m。

（3）打捞过程：遇阻 0.5tf，起出工具串检查。

（4）打捞结果：捞获钢丝 0.15m。

3.1.13　第十三趟钻

（1）工具串组合：ϕ57mm 钢丝内捞矛 + ϕ54mm 液压丢手 + ϕ42mm 油管短节 + ϕ54mm 双向振击器 + ϕ54mm 加重杆 + ϕ54mm 液压丢手 + ϕ49mm 双阀瓣单流阀 2 个 + 油管 3 根 + ϕ54mm 加速器 + 油管 1 根 + ϕ49mm 坐落接头。

（2）下钻过程：下打捞管柱至 283.5m。

（3）打捞过程：无遇阻，起出工具串检查。

（4）打捞结果：捞出钢丝 0.7m。

3.1.14　第十四趟钻

（1）工具串组合：ϕ57mm 凹面磨鞋 + ϕ54mm 液压丢手 + ϕ42mm 油管短节 + ϕ54mm 双向振击器 + ϕ54mm 加重杆 + ϕ54mm 液压丢手 + ϕ49mm 双阀瓣单流阀 2 个 + 油管 3 根 + ϕ54mm 加速器 + 油管 1 根 + ϕ49mm 坐落接头。

（2）下钻过程：下磨鞋管柱至 3476.24m 遇阻 0.5tf，下压 0.9tf，上提 9m，用管钳正转 0.5 圈，下放管柱下压 0.9tf，管柱深度不变；用同样方法分别下压 1.8tf、2.7tf、3.6tf、5.5tf、6.4tf、8.6tf，对应管柱深度分别为 3476.46m、3476.77m、3477.51m、3477.71m、3477.78m、3478.37m；在 8.5～12.5tf 范围内下放 4 次，管柱深度 3478.37m。

（3）磨铣过程：边循环密度为 2.10g/cm^3 的压井液钻磨，泵压 35MPa，排量 0.13～0.15m^3/min，转盘转速 10r/min，扭矩 690N·m，钻压 0.5～1tf，钻磨至井深 3479.32m。

（4）钻磨结果：钻磨总进尺 0.95m，凹底磨鞋底部边缘磨损成一个 ϕ40～57mm 深 4mm 圆槽，循环出口有少量铁屑（图 5.20）。

图 5.20　凹底磨鞋底部磨损严重

3.1.15 第十五趟钻

（1）工具串组合：$\phi58$mm 三翼刮刀磨鞋（图 5.21）+ $\phi54$mm 液压马达 + $\phi54$mm 液压丢手 + $\phi54$mm 双向振击器 + $\phi54$mm 加重杆 + $\phi54$mm 液压丢手 + $\phi49$mm 双阀瓣单流阀 2 个 + 油管 3 根 + $\phi54$mm 加速器 + 油管 1 根 + $\phi49$mm 坐落接头。

（2）下钻过程：下三翼刮刀磨鞋管柱至 3479.32m，遇阻 1tf，上提管柱至 3477.32m，替入循环液 14m³，循环液密度 1.17g/cm³，漏斗黏度 45～56s。

（3）钻磨过程：钻磨至井深 3482.32m，钻磨进尺 3m，钻压 0.5～1tf，螺杆转速 300～400r/min，泵压 45～50MPa，排量 0.20m³/min，接单根下钻冲洗至井深 3538.14m，每接一根单根，上下划眼 3 次，保持泵压、钻压、排量和回压不变，下钻磨管柱至井深 3646.91m，遇阻 1tf，钻磨至井深 3653.51m，钻磨进尺 6.6m，出口见少量钢丝、铁屑及沙子，下钻磨管柱至井深 3737.91m 遇阻 1tf 通过，下钻磨管柱至井深 3832.44m 遇阻 1tf，钻磨，无进尺，起钻磨管柱至井深 3784.39m，再下至井深 3832.44m 遇阻 1tf，钻磨无进尺，起钻磨管柱至井深 3807.12m 遇卡 1.5tf 通过遇卡点，起至井深 3691.9m 遇卡 3tf，再下至井深 3701.5m，上提管柱通过遇卡点，起出钻磨管柱。

（4）钻磨结果：钻磨进尺 353.12m，磨鞋底部磨损严重（图 5.22）。

图 5.21　$\phi58$mm 三翼刮刀磨鞋　　　　图 5.22　磨鞋底部磨损严重

3.1.16 第十六趟钻

（1）工具串组合：$\phi58$mm 平底磨鞋（图 5.23）+ $\phi54$mm 液压丢手 + $\phi54$mm 双向振击器 + $\phi54$mm 加重杆 + $\phi54$mm 液压丢手 + $\phi49$mm 双阀瓣单流阀 2 个 + 油管 4 根 + $\phi49$mm 坐落接头。

（2）下钻过程：下钻磨管柱至井深 3648.94m 遇阻 1tf 通过，下钻磨管柱至井深 3687.33m，每下一根单根，10 次下压 0～3tf，控制回压 28～30MPa；下钻磨管柱至井深 3730.33m，每下一根单根，上下划眼 10 次，下压 0～3tf，循环密度为 1.17g/cm³ 的修井液，泵压 28～32MPa，排量 0.20m³/min，漏斗黏度 34～43s，控制回压 28～32MPa；上提钻磨管柱至井深 3687m,再下放管柱至井深 3730.33m,无卡阻。

(3)钻磨过程:钻磨至井深 3730.43m,进尺 0.1m,钻压 0.5tf,转盘转速 50r/min,扭矩 650N·m,泵压 56～61MPa,排量 0.20m³/min,循环液密度 1.17g/cm³,漏斗黏度 34～43s,控制回压 30～32MPa;钻磨冲洗至井深 3840.97m,每下入管柱 2m,上提管柱 9m,钻压 0.5～1tf,上提管柱至 3835.82m 遇卡 1tf,上下活动 10 次,活动范围 1～6tf,震击上击 1 次解卡,上提管柱至井深 3802.55m,下放管柱至 3840.97m,无卡阻,钻磨至井深 3860.18m,每下入管柱 2m,上提管柱 9m,出口见少量铁屑及铁丝,钻磨无进尺,井深 3860.18m,起出钻磨管柱。

(4)钻磨结果:钻磨进尺 211.24m,磨鞋底部边缘磨损严重(图 5.24),循环出口见少量铁屑及铁丝。

图 5.23 ϕ58mm 平底磨鞋

图 5.24 磨鞋底部边缘磨损严重

3.1.17 第十七趟钻

(1)工具串组合:ϕ60mm 凹面磨鞋(水眼 ϕ9mm×3mm)+ϕ54mm 液压马达+ϕ54mm 液压丢手+ϕ54mm 双向振击器+ϕ54mm 加重杆+ϕ54mm 液压丢手+ϕ49mm 双阀瓣单流阀 2 个+油管 1 根+ϕ49mm 坐落接头。

(2)下钻过程:下至井深 3824.04m 遇阻 1tf,泵压 59～48MPa,排量 0.15m³/min,替入密度为 1.17g/cm³ 的循环液 16m³,漏斗黏度 37～40s,控制回压 0～29MPa。

(3)钻磨过程:钻磨冲洗至井深 3929.72m,钻压 0.5～1tf,螺杆转速 300～500r/min,泵压 55～58MPa,排量 0.20m³/min,循环液密度 1.17g/cm³,漏斗黏度 37～40s,控制回压 25～28MPa;钻磨冲洗最深至井深 3968.11m,期间反复钻磨冲洗 3699.21～3968.11m 井段,钻磨管柱活动至井深 3883.25m 遇卡阻,上提下放活动管柱,活动范围 40～240kN(原悬重 120kN),多次震击下击解卡无效,采取泡酸解卡措施,利用不同浓度的冰醋酸进行腐蚀钢丝解卡效果不明显后,通过带压作业设备转盘旋转解卡,管柱解卡成功,起出检查。

(4)钻磨结果:振击器冲程芯轴上下两端台阶磨损严重,螺杆钻具抽筒,"转子 2.215m+下轴承 0.085m+传动头 0.105m+凹面磨鞋 0.24m"落井,落鱼总长 2.645m;工具串和小油管腐蚀严重,除砂器有少量钢丝和铁屑(图 5.25)。

图 5.25　除砂器中少量的钢丝和铁屑

3.1.18　第十八趟钻

(1)工具串组合:ϕ60mm 凹面磨鞋(水眼 ϕ9mm×3,如图 5.26 所示)+变扣短节 + ϕ49mm 双阀瓣单流阀 2 个 + 油管 1 根 + ϕ49mm 坐落接头。

图 5.26　ϕ60mm 凹面磨鞋及喷嘴工具串

(2)下钻过程:带压下入工具串及 1.66in 油管至井深 3876.49m,遇阻 5kN,复探 3 次,同一位置遇阻 5kN,上提管柱至井深 3863.28m,悬重正常(120kN)。

(3)替液过程:组织密度为 1.4g/cm³ 的有机盐液 28m³,向油管内泵入隔离液 1m³,漏斗黏度 33~35s,有机盐液正洗井至进出口液性能一致,泵压 55~60MPa,排量 0.20m³/min,井深 3863.28m,循环 1 周,带压起出磨铣管柱,检查磨鞋完好,更换喷嘴工具串,冲洗采气树井口及压井节流管汇。

(4)带压修井作业结束。

3.2　小油管带压作业转大修作业

XX201 井因油压下降异常而关井,两次解堵未能解决问题,通过该次小油管带压作业清除了井内多处水合物及其他杂质(铁锈、地层砂等)堵塞,清除了井深 3876.49m 以上的钢丝。本次小油管带压作业虽然未能达到直接恢复投产的最终目的,但经过该次作业彻底疏通 3876.49m 以上的生产管柱,为压井大修作业创造了前提条件,达到阶段性作业的目的。

4　技术总结与认识

(1)该井生产油管内径为 76mm,但生产管柱上的井下安全阀(深度 70.85m)处存在缩径,仅为 65mm,该缩径的存在极大的限制了井下作业工具的尺寸,为确保井下工具能顺利下入、起出通过井下安全阀，井下工具外径最大只能做到 60mm，与油管内径相差 16mm，而钢丝外径为 2.8mm，作业过程中磨鞋和打捞工具很容易穿过生产油管内的钢丝而发生卡钻。同时，打捞钢丝的过程中，如果所捞到的钢丝过多，则不能通过井下安全阀，强行过井下安全阀会造成井下安全阀的永久性损坏。打捞过程中如果捞到的钢丝较多，在井下安全阀处有卡阻现象，只能通过上、下活动管柱，甩掉部分已捞到的钢丝，或者通过钢丝与油管内壁的反复摩擦将钢丝磨断。这样一方面严重限制钢丝的打捞效率，另一方面则是由于钢丝碎断，进一步增加了后期作业的难度；

（2）落井钢丝为普通碳钢材质，在井内已有 11 年。而 XX201 井产水，且所产天然气含 1%～3% 的二氧化碳，井下为高腐蚀环境，正常情况下钢丝应已严重腐蚀，变得很脆。但通过打捞出井的钢丝来看，钢丝并未严重腐蚀，且强度大，钢丝上存在不连续的点蚀（点蚀深度约 0.2～1.1mm），平均单位长度范围内点蚀率约 9%（即 1m 范围内存在 9 个不连续、非均匀分布的点蚀），存在点蚀的地方可以较为轻松的折断。钢丝的这种特点，使得其难以被压实然后实施磨铣；磨铣未压实的钢丝时，未成团的钢丝会在钻压的作用下下移；磨铣成团的钢丝时，由于钢丝的特点，钻头打滑，最终由于磨鞋与生产油管内壁间隙大，使得磨鞋不能将其下方的钢丝全部磨掉形成进尺，而是在钢丝团中间挤出一个通道，使磨鞋最终穿过钢丝团而发生卡钻。另外，磨断的钢丝弯曲变形，而且尺寸较大，在 1.66in 作业管柱和生产管柱之间的环空阻力太大，绝大部分不能被循环液携带出井口，磨断的钢丝或者下沉，或者留在作业管柱与生产管柱的环空而堆积，到一定程度后造成卡钻。而由于钢丝上存在较为严重的点蚀，容易在点蚀处断裂，因而每次打捞所获钢丝都比较少。再有就是由于钢丝强度较大，很容易在井下安全阀处造成卡阻。因而，常规用于处理钢丝的工艺均难以对 XX201 井落井钢丝进行有效的处理。

图 5.27　落井的井下螺杆钻具转子

（3）在第十七趟钻实施钢丝处理的过程中，钻磨管柱活动至井深 3883.25m 时，钻头穿过钢丝团造成卡钻，由于钢丝缠绕工具串的情况非常严重，反复多次活动钻具，多次震击下击解卡无效后，采取注酸解卡措施，采用不同浓度的冰醋酸进行腐蚀钢丝解卡后效果不明显，最后通过带压作业设备转盘旋转解卡，管柱成功解卡，起出钻具后检查，发现井下螺杆钻具转子（图 5.27）及磨鞋落井。由于生产管柱尺寸的限制、落井工具依然被钢丝团卡住以及井下螺杆钻具转子无法打捞和钻磨的特点，使得带压作业难度极大。

（4）正常情况下，断脱的钢丝在油管内应该是紧贴油管内壁呈螺旋状，而经该井后续作业起出原井管柱后发现，钢丝在油管内形成一缕一缕的规则的分布（图 5.28），形成原理不明，有待进一步的研究。

（5）现场利用小油管打捞时卡钻，多次活动解卡无效，决定采用泡酸解卡的方式进行解卡，现场通过利用不同的水质，不同浓度的冰醋酸进行实验（图 5.29），最后发现用弱碱性水配制 35% 质量浓度的冰醋酸进行解卡，效果最佳。

（6）小油管的转速、钻压在开展钻磨钢丝等作业时，无法满足施工要求，同时井下安全阀缩径的存在使卡钻风险增大。

图 5.28 油管内断脱的钢丝

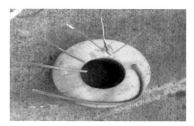

托普威尔XXZ01井不同浓度冰醋酸浸泡钢丝和小油管试验记录						
开始浸泡时间	2016年10月16日 20：30		记录时间		2016年10月17日 08：30	
浸泡耗时	12小时					
浸泡温度	91℃					
冰醋酸质量浓度	钢丝原始直径（mm）	钢丝浸泡后直径（mm）	钢丝腐蚀速率	小油管原始壁厚（mm）	小油管浸泡后壁厚（mm）	小油管腐蚀速率
20%	2.8	2.08	25.71%	5	4.94	1.20%
30%	2.8	1.92	31.43%			
35%	2.8	1.86	33.57%	5	4.8	4.00%
40%	2.8	2.18	22.14%			
50%	2.8	2.34	16.43%			
60%	2.8	2.36	15.71%			
70%	2.8	2.42	13.57%			
100%	2.8	2.78	0.71%			
开始浸泡时间	2016年10月16日 20：30		记录时间		2016年10月17日 14：30	
浸泡耗时	18小时					
浸泡温度	91℃					
冰醋酸质量浓度	钢丝原始直径（mm）	钢丝浸泡后直径（mm）	钢丝腐蚀速率	小油管原始壁厚（mm）	小油管浸泡后壁厚（mm）	小油管腐蚀速率
20%	2.8	1.86	33.57%	5	4.87	2.60%
30%	2.8	1.6	42.86%			
35%	2.8	1.54	45.00%	5	4.73	5.40%
40%	2.8	1.67	40.36%			
50%	2.8	1.77	36.79%			
60%	2.8	1.94	30.71%			
70%	2.8	2.12	24.29%			
100%	2.8	2.72	2.86%	5	4.86	2.80%

图 5.29 冰醋酸浸泡钢丝和小油管试验

（7）落井钢丝属于不防硫的普通钢丝，推测10年时间应该发生腐蚀，而从实际打捞的钢丝情况来看，钢丝基本未发生明显腐蚀痕迹，推测2005年钢丝断落主要是人为操作的原因，最有可能是开井过快造成上顶引起钢丝打扭后断脱。

（8）在XX201井带压作业过程中，由于钢丝本身强度高，打捞的钢丝在起钻过程中与油管内壁发生摩擦，钢丝断头也对油管内壁进行刮削。同时，钻磨过程中，钢丝团旋转也与油管内壁发生摩擦，造成油管损伤。XX201井生产管柱材质为超级13Cr110，油管内部在作业过程中形成的伤痕处有在今后生产过程中发生腐蚀穿孔的风险，即使继续作业完全疏通生产通道，也有必要转大修作业更换原井生产管柱。

（9）小油管带压作业，虽然其提升力和强度较大，但对于打捞钢丝作业，很难及时发现鱼头，本次作业第一趟打捞作业就是因没及时发现鱼头，导致过鱼头太多，将大量钢丝提到一起而无法上提，最终导致打捞工具断入井中造成进一步井下复杂。

5　取得的效益

实现阶段性作业目的，为后续上钻机修井作业创造了前提条件。不压井作业技术在XX201井的应用实践，共计施工51天，其中带压作业32天，带压作业辅助作业19天，起下18趟管柱，总计起下78866.6m，总计捞出钢丝47.35m；钻磨总进尺489.74m。第一趟钻冲洗至井深4113.05m，最后一趟钻通井至3876.49m。通过不压井作业清除了井内多处水合物及其他杂质（铁锈、地层砂等）堵塞，清除了井深3876.49m以上的钢丝，为下射孔枪进行油管内穿孔，建立循环压井通道提供了条件，为以后塔里木油田处理类似井下问题积累了宝贵的经验。

案例六　高压气井油管堵塞作业

1　作业背景

XX201 井于 2016 年 9 月 24 日实施小油管带压作业疏通油管,成功疏通至 4113.05m,10 月 15 日在钻磨钢丝(钢丝长 1294m)后上提至 3883.25m 遇卡,解卡后发现"螺杆转子 2.215m + 下轴承 0.085m + 传动头 0.105m + 凹面磨鞋 0.24m"落井,落鱼总长 2.645m,造成井下复杂,由于螺杆钻具转子为光螺旋型实心轴,且螺杆钻具转子、柔性短节、驱动头等均是由高强度合金钢制成,落井磨鞋敷焊有高强度合金,无法打捞和钻磨。

综上所述,利用小油管带压作业无法继续施工,同时该井已具备压井条件:

(1)小油管带压作业成功清理了 3883.25m 以上油管内的砂和钢丝,为下射孔枪进行油管内穿孔,建立循环压井通道提供了条件。

(2)小油管带压作业成功清理油管内 3883.25m 以上的钢丝,该点压力为 83.5MPa 左右,压井液密度需求降至 2.4g/cm³,现有的压井液技术能满足要求。

因此,决定该井转入钻机修井作业。

1.1　基础资料

1.1.1　井身结构及套管数据

XX201 井设计井深 5950.00m,完钻井深 5452.00m,人工井底 5109.00m。

该井修井前井身结构(图 6.1)为:20in × 204.63m + 13$\frac{3}{8}$in × 3498.37m + 9$\frac{5}{8}$in × 3481.60m + 9$\frac{7}{8}$in × (3481.20~4597.92)m + 7in × 5134.97m + 5in × (4842.65~5451.50)m,详细数据见表 6.1。

1.1.2　井内管柱

修井前井内管柱情况(表 6.2)(自上而下):油管挂 + 双公短节 + ϕ88.9mm × 6.45mmS13Cr-110/FOX 油管 6 根 + 短油管 1 根 + 上流动接箍 + 井下安全阀(下深 70.85m,内径 68.33mm) + 下流动接箍 + 短油管 1 根 + ϕ88.9mm × 6.45mmS13Cr-110/FOX 油管 484 根 + 短油管 12 根 + THT 封隔器(下深 4748.86~4750.65m,内径 73.46mm) + 磨铣延伸筒 + ϕ88.9mm × 6.45mmS13Cr-110/FOX 油管 2 根 + 管鞋式剪切球座(下深 4772.06m)。

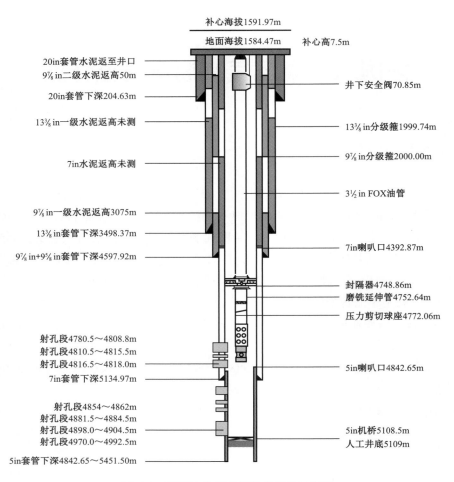

图 6.1　XX201 井修井前井身结构示意图

表 6.1　XX201 井套管数据

井身结构数据					
套管尺寸（in）	下入井段（m）	钢级	壁厚（mm）	扣型	水泥返高（m）
20	0～204.63	J55	12.70	BC	地面
$13^3/_8$	0～3498.37	SM110TT	12.19	BC	地面
$9^5/_8$	0～3481.60	NT110HS	11.99	NS–CC	地面
$9^7/_8$	3481.20～4597.92	K0110TS	15.88	BC	
7	0～5134.97	NKHC140	12.65	3SB	地面
5	4842.65～5451.50	P110	9.19	LC	4842.65

表 6.2　XX201 井目前井内完井管柱详细数据

序号	名称	内径（mm）	外径（mm）	扣型	数量（根）	长度（m）	下入深度（m）
1	油管挂	76.00		$3\frac{1}{2}$in FOX B × P	1	0.54	7.09
2	双公短节	76.00	88.90	$3\frac{1}{2}$in FOX B × P	1	0.84	7.93
3	油管	76.00	88.90	$3\frac{1}{2}$in FOX B × P	6	57.21	65.68
4	短油管	76.00	88.90	$3\frac{1}{2}$in FOX B × P	1	1.51	67.19
5	上流动接箍	73.15	105.41	$3\frac{1}{2}$in FOX B × P	1	1.75	68.94
6	井下安全阀	68.33	148.84	$3\frac{1}{2}$in FOX B × P	1	1.91	70.85
7	下流动接箍	73.15	105.41	$3\frac{1}{2}$in FOX B × P	1	1.75	72.60
8	短油管	76.00	88.90	$3\frac{1}{2}$in FOX B × P	1	2.03	74.63
9	油管	76.00	88.90	$3\frac{1}{2}$in FOX B × P	484	4668.30	4742.31
10	短油管	76.00	88.90	$3\frac{1}{2}$in FOX B × P	2	4.00/2.00	4746.31/4748.31
11	THT 封隔器	73.46	138.89	$3\frac{1}{2}$in FOX B × P	1	0.55/1.79	4748.86/4750.65
12	磨铣延伸管	74.07	88.90	$3\frac{1}{2}$in FOX B × P	1	1.99	4752.64
13	油管	76.00	88.90	$3\frac{1}{2}$in FOX B × P	2	19.09	4771.73
14	管鞋式剪切球座	43.94/73.10	108.46	$3\frac{1}{2}$in FOX B × P	1	0.33	4772.06

1.1.3　固井质量

XX201 井固井质量情况见表 6.3、表 6.4、表 6.5。

表 6.3　XX201 井 244.47mm/250.82mm 套管固井质量评价

二级固井		一级固井					
井段（m）	质量评价	井段（m）	质量评价	井段（m）	质量评价	井段（m）	质量评价
0～50	自由套管	3000～3075	自由套管	3990～3991	中	4345～4355	中
50～1685	差	3075～3865	差	3991～3992	优	4355～4357	优
1685～1724	中	3865～3874	优	3992～4042	自由套管	4357～4482	差
1724～1727	优	3874～3879	中	4042～4043	优	4482～4509	优
1727～1850	中	3879～3885	优	4043～4150	自由套管	4509～4559	差
1850～2000	差	3885～3942	差	4150～4181	优	4559～4585	自由套管

续表

二级固井		一级固井					
井段（m）	质量评价	井段（m）	质量评价	井段（m）	质量评价	井段（m）	质量评价
		3942～3947	中	4181～4267	差	4585～4598	未测
		3947～3989	差	4267～4278	中		
		3989～3990	优	4278～4345	差		

表 6.4　XX201 井 177.80mm 套管固井质量评价

井段（m）	质量评价	井段（m）	质量评价	井段（m）	质量评价	井段（m）	质量评价
4392.87～4418	优	4710～4765	差	4910～4919	差	5007～5031	优
4418～4431	差	4765～4798	优	4919～4927	优	5031～5040	差
4431～4478	优	4798～4820	中	4927～4939	中	5040～5077	优
4478～4502	差	4820～4850	优	4939～4964	优	5077～5084	中
4502～4518	优	4850～4881	中	4964～4971	差	5084～5098	优
4518～4547	中	4881～4896	优	4971～4981	优	5098～5115	差
4547～4686	差	4896～4906	差	4981～5002	中	5115～5120	优
4686～4710	中	4906～4910	优	5002～5007	差	5120～5135	未测

表 6.5　XX201 井 127.00mm 套管固井质量评价

井段（m）	质量评价	井段（m）	质量评价	井段（m）	质量评价	井段（m）	质量评价
4842.65～5237.5	差	5325～5340	优	5400～5401	差	5417～5422	中
5237.5～5242.5	中	5340～5365	差	5401～5402	中	5422～5423	差
5242.5～5270	差	5365～5370	中	5402～5405	差	5423～5424	中
5270～5273	中	5370～5377	差	5405～5408	中	5424～5432	差
5273～5287	差	5377～5380	中	5408～5412	差	5432～5452	未测
5287～5290	中	5380～5385	差	5412～5413.5	中		
5290～5296	差	5385～5390	中	5413.5～5414	差		
5296～5298	中	5390～5395	优	5414～5416	中		
5298～5325	差	5395～5400	中	5416～5417	差		

1.1.4　流体性质

　　XX201 井目前氯离子 24023mg/L，原油、天然气、井口产出水物性参数见表 6.6、表 6.7、表 6.8。

表 6.6 XX201 井古近系原油物性参数表

取样日期	20℃密度（g/cm³）	50℃动力黏度（mPa·s）	凝点（℃）	含蜡量（%）	胶质（%）	沥青质（%）	含硫（%）
2013.10.09	0.8139	1.157	6.0	9.5	0.82	0.01	0.0450

表 6.7 XX201 井古近系天然气物性参数表

取样日期	甲烷（%）	乙烷（%）	氮气（%）	二氧化碳（%）	H_2S（mg/m³）	相对密度	取样空气含量（%）
2013.10.09	89.0	7.35	0.856	0.307	0	0.6299	2.18

表 6.8 XX201 井井口产出水物性参数表

取样日期	密度	PH 值	氯离子（mg/L）	阴离子总量（mg/L）	阳离子总量（mg/L）	总矿度（mg/L）	苏林分类
2013.10.09	1.0026	5.13	1860	1964	1332	3295	氯化钙

1.1.5 环空保护液

环空保护液为密度 1.40g/cm³ 的有机盐液。

2 钻机更换管柱作业

2.1 作业目的

起出原井管柱,重下完井管柱,恢复正常生产。

2.2 作业总体方案

（1）油管穿孔、切割,高密度压井液循环压井。

（2）换装井口(防喷器)。

（3）起出切割点以上油管。

（4）打捞下部油管及封隔器。

（5）刮管、测套管质量。

（6）通井。

（7）下入完井管柱完井。

（8）换装采油树并试压合格。

（9）完井投产。

2.3 拟下入生产管柱

油管挂 + 双公短节 + 88.9mm×7.34mm TN110Cr13S TSH563 油管 + $3\frac{1}{2}$in 井下安全阀（15K、上下扣型：ϕ88.9mm×9.52mm VAMTOP） + ϕ88.9mm×7.34mm TN110Cr13S TSH563 油管 + ϕ73.02mm×7.01mm TN110Cr13S TSH563 油管 + 7in 永久式液压封隔器（上下扣型：$3\frac{1}{2}$in FOX） + ϕ73.02mm×7.01mm TN110Cr13S TSH563 油管 + 投捞式堵塞阀 + ϕ73.02mm×7.01mm TN110Cr13S TSH563 油管 + POP 球座。

2.4 井控设计

2.4.1 工作液

2.4.1.1 压井液的优选

鉴于目前油管内落鱼鱼顶在 3876.49m，且油管内存在多段堵塞，流通通道受阻，压井难度高，而预测目前气藏中深压力为 85.88MPa，在处理井下落鱼时，堵塞管柱和封隔器以下可能存在高压圈闭油气，故为了确保井控安全，要求采用压井液的密度为 2.40g/cm³（具体根据穿孔深度调整压井液密度），黏度 80mPa·s 左右，要求现场做好抗高温（130℃）老化试验，以确保其性能稳定、满足现场作业需要。

处理完井内管柱和落鱼后，采用能配制密度为 1.90g/cm³ 压井液的压井材料，以备压井时配制需要。施工作业中应根据现场实际井况对压井液的密度、黏度及用量做出调整，同时做好压井液高温老化试验和回收保存准备工作，若回收条件不足，应将具体情况汇报后确定处理方案。

TY OBS 油基压井液体系具有良好的流变性和较好的滤饼质量，钻屑悬浮、携带能力优异。同时，TY OBS 油基压井液体系还具有良好的储层保护性能、极强的抑制性、极强的抗污染能力及特佳的润滑性能等特点，与普通水基压井液相比，其性能参数见表 6.9。

表 6.9 TY OBS 油基压井液体系优缺点

项目	水基压井液	油基压井液
泥页岩、盐岩抑制性	泥岩水化和盐岩溶蚀严重，糖葫芦井眼，不规则，扩大率高；井眼不稳定，易阻卡钻	天然的超强抑制性，井眼规则，扩大率低；井眼稳定，不会发生阻卡现象
性能稳定性	性能波动大，甚至严重；需要大量的日常维护处理	非常稳定，几乎是免维护，仅需补充日常消耗量
抗污染能力	易受黏土、盐膏和卤水侵蚀，引起性能破坏	黏土、盐膏不影响性能变化；卤水侵蚀易处理恢复
润滑性	摩阻大，需要添加润滑剂；定向、水平井易出现托压、阻卡，测井、下套管困难	天然的高润滑性，不需要任何添加剂；不会出现托压、阻卡，测井、下套管问题
高温沉降稳定性	静恒温沉降稳定性差，压井液长时间静止易出现重晶石沉降	静恒温沉降稳定性好，不易发生固相沉降现象

项目	水基压井液	油基压井液
对完井井眼质量影响	井眼不规则,扩大率高(15%)影响顶替效率,固井质量优良率低,影响井筒完整性、终身封隔性和油井寿命	井眼规则,扩大率低(5%)顶替效率高,固井质量好,有利于提高井筒完整性
体系配方的复杂性	配方需要根据不同的钻遇地层岩性调整变化;所用材料品种多(≥13种),配方较复杂	适应任何地层,不需要调整,配方稳定;所用材料品种很少(≤7种),配方简单,药品管理方便
操作难易	需日常维护处理,工艺复杂,掌握较难,对作业人员素质要求高	免维护,工艺简单,易掌握,对作业人员没有特殊要求
消耗量	消耗量大,一般是井眼容积的4倍	消耗量较小,一般是井眼容积的2.5倍
材料直接成本	初配单位成本低;但消耗量大,重复利用率低(≤30%),规模使用总成本不低	初配成本高,约是水基的3倍;但消耗量小,重复利用率高(≥95%),规模使用成本大幅度降低,重复利用7井次后与水基压井液持平
间接效应	井眼质量不好,影响固井质量和井筒完整性;油套固井返空段,需将盐水压井液替净,防止腐蚀,油井寿命可能因此受到影响,增加修井费用;不能简化井身结构,套管程序多,钻井费用高	井眼质量好,有利于提高固井质量;油套返空段,不需要环空保护液,不腐蚀套管。规模开发,可简化井身结构,减少提高程序,降低建井费用
排污量	废弃钻井液和钻屑等固废排放量很大	无废弃钻井液,仅有钻屑排放大幅度减少
固废无害化处理	单位处理成本较低;但处理量大,处理总费用很高;高含盐废液难以做到"永久性无害化"和"零排放"处理	单位处理成本较高,是水基的2倍左右;但处理量减少,处理总费用大幅度降低;钻屑的资源化利用处理可做到"无害化""零排放"处理

鉴于 TY OBS 油基压井液稳定的性能及具有水基压井液无法比拟的优势,该井采用 TY OBS 油基压井液体系。

2.4.1.2 隔离液

配制密度为 $1.05g/cm^3$ 的隔离液 $10m^3$,要求隔离液与被替液体、替入液体在高温下不发生化学反应,具有一定的稠度和短期(4~6h)抗温能力,满足替液作业所要求的高黏度和抗温要求,自身不污染与其接触的上下两段液体,具有可泵性。

2.4.1.3 完井液

完井液为无固相有机盐液,性能应符合年腐蚀速率 ≤ 0.076mm/a, Cl^- 含量 ≤ 1000mg/kg, Br^- 含量 ≤ 8.3mg/kg, S^{2-} 含量 ≤ 8.3mg/kg,pH 值 8~12。环空保护液为 110~120m³ 密度为 $1.20g/cm^3$ 的有机盐液。

2.4.2 井控装备

采用的井控装备自上而下为:FH28-70/105 环型防喷器 + 2FZ28-105 双闸板防喷器 + FZ28-105 单闸板防喷器。要求井队按照按《塔里木油田井下作业井控实施细则》(2011 年)

要求及本井作业情况配备好相应尺寸的闸板芯子,依据所下钻具组合情况及时更换相应的闸板芯子并试压合格,同时根据作业管柱的尺寸准备好相应的防喷单根及变扣接头等内防喷工具。完井作业期间根据生产需要可拆除旋转控制头。井控装置示意图如图6.2所示。

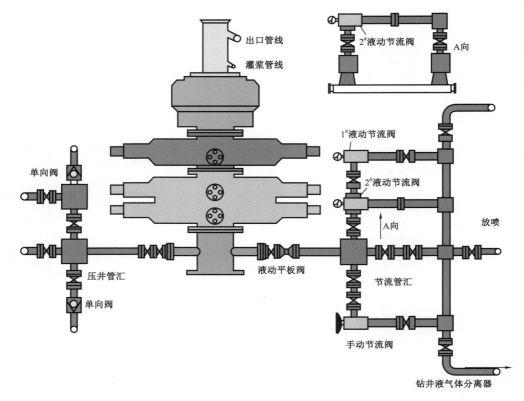

图 6.2　井控装置示意图

2.4.3　采气树井口

沿用目前采气树 MSP-105。换装拆下井口后要求进行维保、检验,安装好后按照《塔里木油田井下作业井控实施细则》(2011 年)对采气树进行试压。

2.4.4　地面流程

地面流程采用 I 类高压、求产地面测试流程(图 6.3),主流程采用全套数据采集系统、105MPa 液动安全阀、105MPa 法兰管线、ESD、MSRV、高压数据头、105MPa 除砂器、105MPa 油嘴管汇、低压数据头、35MPa 热交换器、10MPa 分离器、化学注入泵、缓冲罐;$4\frac{1}{2}$in 及以上地面放喷管线等流程按油田公司 Q/SY TZ0074—2001《地面油气水测试计量作业规程》及《塔里木油田井下作业井控实施细则》(2011 年)的要求进行安装、试压、调试、固定。

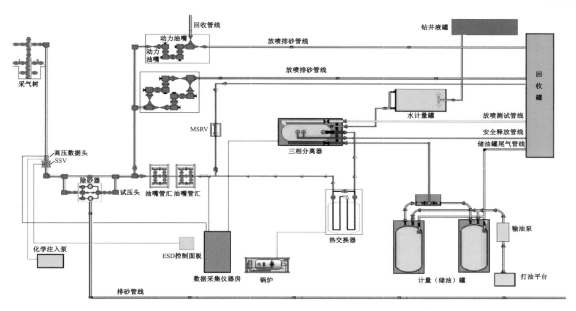

图 6.3　地面测试流程示意图

2.5　作业工序及要求

2.5.1　准备工作

所有准备工作完成后按规定程序开工验收合格后,组织施工作业人员和协作单位做好技术交底,明确各单位、各岗位的分工和工作职责后方可转修井作业。

2.5.2　油管穿孔、切割,循环压井

(1)安装电缆防喷器和地面流程并试压合格,在采气树侧翼阀门安装好校核的压力表,监测录取油、套压力,以便为后续作业提供依据。

(2)下通井工具通井并探至鱼顶深度。

(3)关闭采油四通阀门,下穿孔枪进行校深、油管穿孔,穿孔深度 3800m 左右(实际根据油管畅通及通井情况调整),要求避开油管接箍上下 2m,用电缆下入射孔枪,电缆点火射孔。

(4)开采油四通阀门,循环环空保护液至进出口液性能基本一致。

(5)切割油管,切割位置为 3800m 左右(实际根据油管畅通及通井情况调整)。

(6)用"隔离液 + 密度为 2.40g/cm³ 的压井液"循环替出保护液,出口做好保护液的回收工作,并循环压井液至进出口液性能基本一致。

(7)开井观察,若井内平稳满足后续工序安全作业,则再循环压井液 1.5 周以上进行下一步作业。

2.5.3　换装井口、试压

（1）拆采气井口，安装防喷器组并现场按照《塔里木油田井下作业井控实施细则》（2011年）的要求试压合格。

（2）连接地面管线，并按规定试压合格。

2.5.4　起出切割油管

（1）缓慢试提管柱，以确认切割油管段的重量。

（2）试提油管正常后，循环压井液，直至进出口压井液性能基本一致，起出切割点以上的油管。

2.5.5　打捞处理井下落鱼

（1）下钻探鱼顶，记录好鱼顶位置，并循环压井液至进出口液性能一致。封隔器以上油管采用倒扣、套铣、钻磨等方法打捞起出。

（2）下专用工具钻磨、打捞封隔器，试提封隔器残体及以下管柱，起出落鱼。若无法提出，则继续采用倒扣、磨铣等方式处理下部管柱，直至落鱼全部清理完毕。

（3）下专用工具打捞井筒内残余钢丝及其压力计等其他落鱼，直至将井筒内落鱼全部处理完。

2.5.6　探人工井底、循环调整压井液、观察

（1）下带"磨鞋+钻柱管柱"探人工井底，然后上提管柱2m左右循环调整压井液性能，直至将井压平稳且循环至进出口压井液性能基本一致。

（2）上提管柱至射孔顶界以上，开井观察，观察时间大于下一步作业工序时间要求。

（3）若井内平稳则下管柱至人工井底再循环压井液1.5周以上，进行下一步作业。

2.5.7　刮壁、循环

（1）对7in套管进行刮壁作业。对封隔器坐封位置（4700m，具体封隔器坐封位置根据测井结果调整）上下50m及已射孔井段反复清刮3次以上，刮壁结束后充分循环压井液，循环测后效，确认井内平稳且满足后续安全作业时间后，起出刮壁管柱。

（2）对5in套管进行刮壁作业，已射孔井段反复清刮3次以上，刮壁结束后充分循环压井液，循环测后效，确认井内平稳且满足后续安全作业时间后，起出刮壁管柱。

2.5.8　工程测井

进行工程测井检测套管质量，重点检测封隔器以下产层生产套管的腐蚀情况、套管壁壁厚的变化情况、射孔段孔眼的变化情况及水泥环的破坏情况，根据测井结果对井筒完整性进行评价。

2.5.9 通井、循环、下完井管柱

（1）下通井管柱至人工井底以上 2m,充分循环压井液,循环时测后效,确认井内平稳且满足后续安全作业时间后,起出通井管柱。

（2）下入完井管柱。

2.5.10 坐油管挂、换装井口、试压

管柱下到位后,调整管柱,关闭井下安全阀,安全阀控制管线穿越油管挂,下放管柱坐油管挂并上紧顶丝,拆防喷器组,完成安全阀控制管线穿越采油四通,并开关井下安全阀验证控制管线是否畅通、井下安全阀是否正常工作。安装 105MPa 采气树(利用原井口)及连接地面测试流程,按《塔里木油田井下作业井控实施细则》(2011 年)对采气树及地面流程试压合格。

2.5.11 替液、投球、坐封封隔器、验封

打开井下安全阀,用"8~10m^3 隔离液 + 密度为 1.20g/cm^3 的有机盐液"小排量反替出井内压井液。替液结束后,投坐封钢球并候球入座,分级正打压坐封封隔器,然后环空打压至 20MPa 对封隔器验封,验封合格后,正打压击落球座。

2.5.12 放喷求产

采用 3~5mm 油嘴进行放喷排液,出口见油气后,进地面测试计量流程求产,根据井口压力变化调整具体油嘴尺寸,注意控制产量和压差,避免加剧出砂。

2.5.13 修井收尾、交井

施工期间所有放喷、排液、求产返排液入罐回收,取得产能后清理井场物料,回收液运离井场。原井内起出油管,仔细检查油管是否完好,受损油管(包括穿孔油管)须做明显标记,并单独存放,不能与完好油管混放。恢复井场,结束作业。

2.6 作业风险提示

（1）本井 3426.5~4364.0m 井段为膏盐岩层,4480.0~4759.0m 井段为膏泥岩层,注意防止套管变形。

（2）本井为"三高"气井,且为超深井,测试求产和投产气层段属于超高压地层,预测目前气藏中深地层压力 85.88MPa,作业人员要做好井控的一切措施和不同工序预计可能风险的安全应急预案,确保安全。

（3）本井由于油管存在堵塞无法实施有效压井作业,存在井控风险,需做好施工过程中的各项井控工作。

（4）作业过程中可能出现泵车故障、管线刺漏及工艺需要紧急停泵，导致碎屑沉降引起卡钻，需在磨铣、套铣前循环液体，利用流量计实时检测泵排量、返出流量。

（5）防止钻磨碎屑未能彻底循环出井口而引起卡钻和作业过程中导致油管或者套管的损坏，施工作业方应提前根据施工方案与步骤，分析作业中可能存在的风险，并制订相应的应急预案。

2.7 作业情况

首先对井段 3845.8～3846.8m 油管穿孔，为循环压井提供通道，再用 $2\frac{1}{4}$in 油管切割弹，将油管从 3846.6m 处切断，正替密度为 0.9g/cm³ 的隔离液 3m³，再正循环密度为 2.4g/cm³ 的油基压井液（漏斗黏度 160s，初切 6Pa，终切 8Pa）压井，并循环至进出口液性能一致，泵压 0～15MPa，排量 0.36～0.48m³/min，替出油管和环空内密度为 1.4g/cm³ 的有机盐液 64m³，出口见微气点火，焰高 0.3m 至自灭，油套敞井观察，无溢流，再正循环油基压井液 2 周，拆采气树，安装防喷器，对环形试压 49MPa/30min 不降，对单闸板剪切、$3\frac{1}{2}$in 上下半封分别试压 105MPa/30min 不降，起甩原井油管。

井下落鱼结构（由上至下）：ϕ88.9mm×6.45mmS13Cr–110/FOX 油管残体 1 根 0.72m + ϕ88.9mm×6.45mmS13Cr–110/FOX 油管 94 根 + 短油管 2 根 + THT 封隔器（下深：4748.86～4750.65m，内径 73.46mm）+ 磨铣延伸筒 + ϕ88.9mm×6.45mmS13Cr–110/FOX 油管 2 根 + 管鞋式剪切球座（下深 4772.06m）。

2.7.1 第一趟钻：下 ϕ147mm 专用反扣修鱼组合工具修整鱼头

组下工具：ϕ147mm 专用反扣修鱼组合工具（ϕ147mm 引鞋扶正器 + ϕ128mm 进口合金高效磨鞋，图 6.4）。

作业目的：修整油管切割部分，为下步打捞做准备。

管柱组合（由下至上）：ϕ143mm 卡瓦打捞筒（ϕ105mm 螺瓦 + ϕ112mm 止退环）+ $3\frac{1}{2}$in EUE 油管。

井下落鱼描述：$3\frac{1}{2}$in FOX 扣油管（0.72m）（鱼头如图 6.5 所示）+ $3\frac{1}{2}$in FOX 扣 13Cr 油管 94 根 + 短油管 2 根 + THT 封隔器 + 磨铣延伸筒 + $3\frac{1}{2}$in FOX 扣 13Cr 油管 2 根 + 管鞋式剪切球座，落鱼总长 939.52m，鱼顶为 $3\frac{1}{2}$in 油管，切割处外径 ϕ94mm。

修鱼过程：下修鱼管柱过程中，在 2730～2737m、2792～2802m、2844～2856m、2869～2876m、2882～2894m 井段遇阻通过，下修鱼管柱至 2914m，反复上提下放活动，下压范围 20～50kN，接方钻杆开泵开转盘反复上下活动，旋转下放，扭矩 1.2kN·m，上提挂卡 120kN，出口返出垢渣约 85L，无法通过，起钻检查。

结果及分析：起出修鱼管柱，检查 ϕ147mm 修鱼组合工具，发现引鞋筒外壁被磨亮，引鞋尖轻微磨损，分析井筒内壁结垢严重，工具无法通过。

图 6.4　修鱼工具　　　　　　　　　图 6.5　切割油管鱼头

2.7.2　第二趟钻：组下 ϕ146mm 修鱼组合工具修整鱼头

组下工具：ϕ146mm 进口合金铣柱式六刀翼凹底修磨组合工具。

作业目的：清理井壁，修整鱼头，为后期打捞创造条件。

管柱组合（由下至上）：ϕ146mm 进口合金铣柱式六刀翼凹底修磨组合工具 + ϕ121mm 安全接头 + ϕ140mm 双捞杯 + ϕ120.6mm 反扣钻铤 6 根 + $3\frac{1}{2}$in 反扣钻杆。

井下落鱼描述：$3\frac{1}{2}$in FOX 扣油管（0.72m）+ $3\frac{1}{2}$in FOX 扣 13Cr 油管 94 根 + 短油管 2 根 + THT 封隔器 + 磨铣延伸筒 + $3\frac{1}{2}$in FOX 扣 13Cr 油管 2 根 + 管鞋式剪切球座，落鱼总长 939.52m，鱼顶为 $3\frac{1}{2}$in 油管，切割处外径 94mm。

修鱼过程：下修鱼管柱至 2918m，对井段 2913~2918m 反复划眼无显示；下修鱼管柱至 3834.52m 遇阻 20kN，反复活动加压 20~60kN 无位移，修磨鱼头，磨铣井段 3834.52~3834.62m，排量 0.36m³/min，泵压 20MPa，钻压 2~5kN，转速 40~60r/min，扭矩 0.8~0.85kN·m，出口返出垢渣约 85L。

结果及分析：起出进口合金铣柱式六刀翼凹底修磨组合工具，铣柱侧面被磨亮（图 6.6），有多道横向、纵向磨痕，柱体外径由 146mm 磨小为 145mm，六刀翼修磨齿侧面中度磨损，外径由 143mm 磨小为 142mm，凹底部轻微磨损，双捞杯带出套管内壁块状结垢物约 2kg，最大一块长 212mm，宽 77mm，厚 6mm。

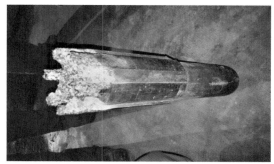

图 6.6　起出井口的修磨组合工具

2.7.3 第三趟钻：组下 φ143mm 反扣可退式篮式卡瓦打捞筒打捞落鱼

组下工具：φ143mm 反扣可退式篮式卡瓦打捞筒（图 6.7，内装 φ87mm 篮式卡瓦 + φ91mm 止退环）。

作业目的：倒扣打捞油管。

管柱组合（由下至上）：φ143mm 反扣可退式篮式卡瓦打捞筒（内装 φ87mm 篮式卡瓦 + φ91mm 止退环）+ φ127mm 旁通阀 + $3\frac{1}{2}$in 反扣钻杆。

井下落鱼描述：$3\frac{1}{2}$in FOX 扣油管（0.72m）+ $3\frac{1}{2}$in FOX 扣 13Cr 油管 94 根 + 短油管 2 根 + THT 封隔器 + 磨铣延伸筒 + $3\frac{1}{2}$in FOX 扣 13Cr 油管 2 根 + 管鞋式剪切球座，落鱼总长 939.52m，鱼顶为 $3\frac{1}{2}$in 油管，切割处外径 94mm。

图 6.7 φ143mm 反扣可退式篮式卡瓦打捞筒

修鱼过程：下打捞管柱至 3830m（其中 3162～3171m、3181～3194m、3728～3733m 井段遇阻，反复上提下放活动通过，下压范围 20～50kN。下放打捞管柱至 3836.7m，加压 80kN 打捞，试提钻具，悬重由 700kN 上升至 1000kN（开泵原悬重 700kN，下放至原悬重 700kN），正注密度为 2.1g/cm³ 的堵漏压井液 10m³（配方：2%XY40 + 4%XY60 + 4%XY80），正替密度为 2.4g/cm³ 的油基压井液（漏斗黏度 102s，初切 4Pa，终切 8Pa）12.5m³，泵压 20MPa，排量 0.36m³/min，停泵后悬重由 720kN 上提至 850kN，倒转转盘 21 圈，悬重由 850kN 下降至 840kN，释放转盘无回转，试提管柱 7.5m 悬重无变化。

结果及分析：起打捞管柱，捞获落鱼：$3\frac{1}{2}$in FOX–13Cr 油管 ×0.72m + $3\frac{1}{2}$in FOX–13Cr 油管 58 根 ×560.88m + $3\frac{1}{2}$in FOX–13Cr 油管母接箍 ×0.17m，鱼长 561.77m。第 401 根油管内（原井深 3881m）取出转子 2.215m + 下轴承 0.085m + 传动头 0.105m + 凹面磨鞋 0.24m，总长 2.645m。第 425 根油管内（原井深 4113m）被大量铁丝及泥砂堵死（图 6.8）。

图 6.8 捞获落鱼情况

其中第 14 根油管卸扣耗时长达 170min,在卸扣过程中每卸半圈停 10～20min 释放圈闭压力,第 16 根至 20 根油管进行卸扣作业时,每根耗时 40～60min,第 21 根油管卸扣耗时长达 140min,第 24 根油管卸扣耗时长达 5h,第 29 根油管卸扣耗时长达 260min。

2.7.4 第四趟钻:组下 ϕ127mm 铣齿接头替环空保护液

组下工具:ϕ127mm 铣齿接头。

作业目的:替出下部井段环空保护液。

管柱组合(由下至上):ϕ127mm 铣齿接头 + $3\frac{1}{2}$in 反扣钻杆。

井下落鱼描述:$3\frac{1}{2}$in FOX–13Cr 油管 36 根 + 短油管 2 根 + THT 封隔器 + 磨铣延伸筒 + $3\frac{1}{2}$in FOX–13Cr 油管 2 根 + 管鞋式剪切球座,鱼头为 $3\frac{1}{2}$in FOX–13Cr 油管外螺纹。

2.7.5 第五趟钻:组下清铣井壁组合工具清理水泥结垢

组下工具:ϕ146mm 进口合金六刀翼凹底高效磨鞋 +ϕ148mm 进口合金加长式铣柱。

作业目的:清理井壁水泥结垢。

管柱组合(由下至上):ϕ146mm 进口合金六刀翼凹底高效磨鞋 + ϕ148mm 进口合金加长式铣柱 + ϕ127mm 安全接头 + ϕ140mm 双捞杯 + ϕ120.6mm 反扣钻铤 6 根 + $3\frac{1}{2}$in 反扣钻杆。

井下落鱼描述:$3\frac{1}{2}$in FOX–13Cr 油管 36 根 + 短油管 2 根 + THT 封隔器 + 磨铣延伸筒 + $3\frac{1}{2}$in FOX–13Cr 油管 2 根 + 管鞋式剪切球座,鱼头为 $3\frac{1}{2}$in FOX–13Cr 油管外螺纹。

作业过程:下清铣井壁管柱至井深 1730m 遇阻 40kN,接单根划眼至井深 2226m,划眼井段 1730～2226m,累计划眼进尺 496m,钻压 0～10kN,转速 40～60r/min,扭矩 0.6～1.2kN·m,正循环密度为 2.1g/cm³ 的油基压井液(漏斗黏度 120s,初切 5Pa,终切 7Pa)泵压 22MPa,排量 0.48m³/min,出口累计返出水泥屑 300L,每根单根划眼两遍,停转盘上提下放 1 至 2 次畅通后再接单根,因出口有少量铁屑返出决定起钻,使用磨鞋通井处理井筒。

结果及分析:起钻检查,发现 ϕ146mm 进口合金六刀翼凹底高效磨鞋及 ϕ148mm 进口合金加长式铣柱轻微磨损(图 6.9),检查捞杯带出少量水泥屑。

图 6.9 井内起出的进口合金六刀翼凹底高效磨鞋

2.7.6 第六趟钻：组下进口合金六刀翼凹底高效磨鞋清理水泥结垢

组下工具：ϕ146mm 进口合金六刀翼凹底高效磨鞋。

作业目的：清理井壁水泥结垢。

管柱组合（由下至上）：ϕ146mm 进口合金六刀翼凹底高效磨鞋 + ϕ127mm 安全接头 + ϕ140mm 双捞杯 + ϕ120.6mm 反扣钻铤 6 根 + $3\frac{1}{2}$in 反扣钻杆。

井下落鱼描述：$3\frac{1}{2}$in FOX–13Cr 油管 36 根 + 短油管 2 根 + THT 封隔器 + 磨铣延伸筒 + $3\frac{1}{2}$in FOX–13Cr 油管 2 根 + 管鞋式剪切球座，鱼头为 $3\frac{1}{2}$in FOX–13Cr 油管外螺纹。

作业过程：下磨鞋管柱至井深 3920m 遇阻 40kN，接单根划眼至井深 4397.3m，划眼井段 3920～4397.3m，累计划眼进尺 477.3m，其中 3968～3972m、3988～3991m 井段扭矩较大，钻压 0～15kN，转速 40～60r/min，扭矩 0.6～2.2kN·m，正循环密度为 2.1g/cm³ 的油基压井液（漏斗黏度 121s，初切 5Pa，终切 8Pa），泵压 20MPa，排量 0.48m³/min，累计返出水泥屑约 480L，每根单根划眼两遍，停转盘上提下放 1 至 2 次畅通后再接单根。

结果及分析：起钻检查，发现 ϕ146mm 进口合金六刀翼凹底高效磨鞋轻微磨损，外径磨小至 145.5mm，捞杯带出水泥块约 1.5L。

2.7.7 第七趟钻：组下 ϕ143mm 反扣可退式篮式卡瓦打捞筒打捞落鱼

组下工具：ϕ143mm 反扣可退式篮式卡瓦打捞筒（内装 ϕ87mm 篮式卡瓦 + ϕ91mm 止退环）。

作业目的：倒扣打捞油管。

管柱组合（由下至上）：ϕ143mm 反扣可退式篮式卡瓦打捞筒（内装 ϕ87mm 篮式卡瓦 + ϕ91mm 止退环） + ϕ127mm 旁通阀 + $3\frac{1}{2}$in 反扣钻杆。

井下落鱼描述：$3\frac{1}{2}$in FOX–13Cr 油管 36 根 + 短油管 2 根 + THT 封隔器 + 磨铣延伸筒 + $3\frac{1}{2}$in FOX–13Cr 油管 2 根 + 管鞋式剪切球座，鱼头为 $3\frac{1}{2}$in FOX–13Cr 油管外螺纹。

作业过程：下放打捞管柱至 4397.5m，开泵原悬重 830kN，下压 60kN，上提至 930kN；下压 120kN，逐级上提至 900kN、1000kN、1150kN，下放至原悬重至 830kN，正注密度为 2.05g/cm³ 的堵漏压井液 10m³（配方：2%XY40 + 4%XY60 + 2%XY80），正替密度为 2.0g/cm³ 的油基压井液（漏斗黏度 103s，初切 5Pa，终切 8Pa）15m³，排量 0.42m³/min，泵压 20MPa，倒扣，由停泵原悬重 890kN 上提至 950kN，倒扣 25 圈，倒扣至 13 圈时，扭矩由 1.8kN·m 下降至 0.8kN·m，悬重由 950kN 下降至 910kN，试提管柱悬重无变化。

结果及分析：起打捞管柱，捞获落鱼：$3\frac{1}{2}$in FOX–13Cr 油管 4 根 38.7m + $3\frac{1}{2}$in FOX–13Cr 油管母接箍 ×0.17m，目前井内剩余落鱼：$3\frac{1}{2}$in FOX–13Cr 油管 32 根 + 短油管 2 根 + THT 封隔器 + 磨铣延伸筒 + $3\frac{1}{2}$in FOX–13Cr 油管 2 根 + 管鞋式剪切球座，全长 339.22m，鱼头为 $3\frac{1}{2}$in FOX–13Cr 油管外螺纹。

2.7.8 第八趟钻：组下 ϕ143mm 反扣可退式篮式卡瓦打捞筒打捞落鱼

组下工具：ϕ143mm 反扣可退式篮式卡瓦打捞筒（内装 ϕ87mm 篮式卡瓦 + ϕ91mm 止退环）。

作业目的:倒扣打捞油管。

管柱组合(由下至上):ϕ143mm 反扣可退式篮式卡瓦打捞筒(内装 ϕ87mm 篮式卡瓦 + ϕ91mm 止退环) + ϕ127mm 旁通阀 + $3^1/_2$in 反扣钻杆。

井下落鱼描述:$3^1/_2$in FOX–13Cr 油管 32 根 + 短油管 2 根 + THT 封隔器 + 磨铣延伸筒 + $3^1/_2$in FOX–13Cr 油管 2 根 + 管鞋式剪切球座,鱼头为 $3^1/_2$in FOX–13Cr 油管外螺纹。

作业过程:下打捞管柱至4436m,其中4412~4414m、4421~4427m、4433~4435m井段遇阻,接方钻杆开泵旋转下放活动通过,钻压 0~5kN,转速 20r/min,扭矩 0.6~1.2kN·m,泵压 20MPa,排量 0.42m³/min,下放打捞管柱至4436.37m,开泵原悬重 820kN,下压 60kN,上提至 900kN,下压 100kN,逐级上提至 900kN、1000kN、1150kN,下放至原悬重 820kN 倒扣,由停泵原悬重 860kN 上提至 910kN,倒扣 24 圈,倒扣至 11 圈时,扭矩由 1.68kN·m 下降至 0.8kN·m,悬重由 910kN 下降至 870kN,试提管柱悬重 870kN 无变化。

结果及分析:起打捞管柱,捞获落鱼:$3^1/_2$in FOX–13Cr 油管 19 根 183.76m + $3^1/_2$in FOX–13Cr 油管母接箍 ×0.17m,其中第一根油管卸扣耗时长达 165min,即每卸半圈停 5~10min 释放圈闭压力,第 2 根至 19 根油管卸扣耗时正常,目前井内落鱼:$3^1/_2$in FOX–13Cr 油管 13 根 + 短油管 2 根 + THT 封隔器 + 磨铣延伸筒 + $3^1/_2$in FOX–13Cr 油管 2 根 + 管鞋式剪切球座,全长 155.46m,鱼头为 $3^1/_2$in FOX–13Cr 油管外螺纹。

2.7.9 第九趟钻:组下 ϕ143mm 反扣可退式篮式卡瓦打捞筒打捞落鱼

组下工具:ϕ143mm 反扣可退式篮式卡瓦打捞筒(内装 ϕ87mm 篮式卡瓦 + ϕ91mm 止退环)。

作业目的:倒扣打捞油管。

管柱组合(由下至上):ϕ143mm 反扣可退式篮式卡瓦打捞筒(内装 ϕ87mm 篮式卡瓦 + ϕ91mm 止退环) + ϕ127mm 旁通阀 + $3^1/_2$in 反扣钻杆。

井下落鱼描述:$3^1/_2$in FOX–13Cr 油管 13 根 + 短油管 2 根 + THT 封隔器 + 磨铣延伸筒 + $3^1/_2$in FOX–13Cr 油管 2 根 + 管鞋式剪切球座,鱼头为 $3^1/_2$in FOX–13Cr 油管外螺纹。

作业过程:下打捞管柱至4470m遇阻,加压 60kN,反复活动无法通过,接方钻杆划眼至4620.13m,划眼井段 4470~4620.13m,划眼进尺 150.13m,钻压 0~5kN,转速 20r/min,扭矩 0.6~1.2kN·m,正循环密度为 2.0g/cm³ 的油基压井液(漏斗黏度 104s,初切 5Pa,终切 8Pa),泵压 20MPa,排量 0.35m³/min,开始打捞,原悬重 830kN,引鱼打捞下压 60kN,上提至悬重由 1050kN 下降至 830kN,重复多次,上提悬重无明显变化。

结果及分析:起打捞管柱,捞获落鱼:$3^1/_2$in FOX–13Cr 油管 10 根 96.68m + $3^1/_2$in FOX–13Cr 油管母接箍 ×0.17m。井内剩余落鱼:$3^1/_2$in FOX–13Cr 油管 3 根 + 短油管 2 根 + THT 封隔器 + 磨铣延伸筒 + $3^1/_2$in FOX–13Cr 油管 2 根 + 管鞋式剪切球座,全长 58.78m,鱼头为 $3^1/_2$in FOX–13Cr 油管外螺纹。

2.7.10　第十趟钻：组下 φ143mm 反扣可退式篮式卡瓦打捞筒打捞落鱼

组下工具：φ143mm 反扣可退式篮式卡瓦打捞筒（内装 φ87mm 篮式卡瓦 + φ91mm 止退环）。

作业目的：倒扣打捞油管。

管柱组合（由下至上）：φ143mm 反扣可退式篮式卡瓦打捞筒（内装 φ87mm 篮式卡瓦 + φ91mm 止退环）+ φ127mm 旁通阀 + $3\frac{1}{2}$in 反扣钻杆。

井下落鱼描述：$3\frac{1}{2}$in FOX-13Cr 油管 3 根 + 短油管 2 根 + THT 封隔器 + 磨铣延伸筒 + $3\frac{1}{2}$in FOX-13Cr 油管 2 根 + 管鞋式剪切球座，鱼头为 $3\frac{1}{2}$in FOX-13Cr 油管外螺纹。

作业过程：下打捞管柱至 4690m 遇阻 50kN，划眼至 4716m，划眼井段 4700~4716m，钻压 0~5kN，转速 20r/min，扭矩 0.6~1.2kN·m，泵压 20MPa，排量 0.42m³/min，正循环调整压井液（密度 1.9g/cm³，漏斗黏度 98s，初切 4Pa，终切 7Pa）至进出口液性能一致，排量 0.24~0.42m³/min，泵压 18~22MPa。下放打捞管柱至井深 4716.98m，开泵原悬重 910kN，下压 60kN，上提至 1000kN，下压 100kN，上提至 1150kN，下放至原悬重 910kN，由停泵原悬重 940kN 上提至 950kN，倒扣 25 圈，倒扣至 12 圈时扭矩由 1.5kN·m 降至 0.8kN·m，上提管柱悬重无明显变化。

图 6.10　塞满油泥及碎钢丝的捞筒

结果及分析：起打捞管柱检查，未捞获落鱼，捞筒内塞满油泥及碎钢丝（图 6.10）。

2.7.11　第十一趟钻：组下 φ143mm 反扣可退式篮式卡瓦打捞筒打捞落鱼

组下工具：φ143mm 反扣可退式篮式卡瓦打捞筒（内装 φ87mm 篮式卡瓦 + φ91mm 止退环）。

作业目的：倒扣打捞油管。

管柱组合（由下至上）：φ143mm 反扣可退式篮式卡瓦打捞筒（内装 φ87mm 篮式卡瓦 + φ91mm 止退环）+ φ127mm 旁通阀 + $3\frac{1}{2}$in 反扣钻杆。

井下落鱼描述：$3\frac{1}{2}$in FOX-13Cr 油管 3 根 + 短油管 2 根 + THT 封隔器 + 磨铣延伸筒 + $3\frac{1}{2}$in FOX-13Cr 油管 2 根 + 管鞋式剪切球座，鱼头为 $3\frac{1}{2}$in FOX-13Cr 油管外螺纹。

作业过程：下打捞管柱至 4716m，正循环密度为 1.9g/cm³ 的油基压井液（漏斗黏度 98s，初切 4Pa，终切 7Pa），排量 0.42m³/min，泵压 20MPa。下放打捞管柱至井深 4716.98m，开泵原悬重 890kN，下压 40kN，上提至 970kN，下压 120kN，上提至 1100kN，下放至原悬重 890kN，由停泵原悬重 920kN 上提至 970kN，倒扣 24 圈，倒扣至 15 圈时扭矩由 2.3kN·m 下降至

1kN·m,试提管柱悬重无明显变化。

结果及分析:起打捞管柱,捞获落鱼:$3^1/_2$in FOX–13Cr 油管 1 根 9.67m + $3^1/_2$in FOX–13Cr 油管母接箍 ×0.17m。井内剩余落鱼:$3^1/_2$in FOX–13Cr 油管 2 根 + 短油管 2 根 + THT 封隔器 + 磨铣延伸筒 + $3^1/_2$in FOX–13Cr 油管 2 根 + 管鞋式剪切球座,全长 49.11m,鱼头为 $3^1/_2$in FOX–13Cr 油管外螺纹。

2.7.12 第十二趟钻:组下 ϕ143mm 反扣可退式篮式卡瓦打捞筒打捞落鱼

组下工具:ϕ143mm 反扣可退式篮式卡瓦打捞筒(内装 ϕ87mm 篮式卡瓦 + ϕ91mm 止退环)。

作业目的:倒扣打捞油管。

管柱组合(由下至上):ϕ143mm 反扣可退式篮式卡瓦打捞筒(内装 ϕ87mm 篮式卡瓦 + ϕ91mm 止退环) + ϕ127mm 旁通阀 + $3^1/_2$in 反扣钻杆。

井下落鱼描述:$3^1/_2$in FOX–13Cr 油管 2 根 + 短油管 2 根 + THT 封隔器 + 磨铣延伸筒 + $3^1/_2$in FOX–13Cr 油管 2 根 + 管鞋式剪切球座,鱼头为 $3^1/_2$in FOX–13Cr 油管外螺纹。

作业过程:下打捞管柱至4726.5m,循环冲洗鱼头,下放打捞管柱至井深4726.82m,开泵原悬重 870kN,下压 100kN,上提至 950kN,下压 160kN,上提至 1150kN,下放至原悬重 870kN,由停泵原悬重 910kN 上提至 950kN,倒扣 30 圈,倒扣至 16 圈时扭矩由 1.8kN·m 下降至 1kN·m,试提管柱悬重无明显变化。

结果及分析:起打捞管柱,检查捞筒未捞获落鱼,卡瓦牙有明显入鱼痕迹。

2.7.13 第十三趟钻:组下 ϕ143mm 反扣可退式篮式卡瓦打捞筒打捞落鱼

组下工具:ϕ143mm 反扣可退式篮式卡瓦打捞筒(内装 ϕ87mm 篮式卡瓦 + ϕ91mm 止退环)。

作业目的:倒扣打捞油管。

管柱组合(由下至上):ϕ143mm 反扣可退式篮式卡瓦打捞筒(内装 ϕ87mm 篮式卡瓦 + ϕ91mm 止退环) + ϕ127mm 旁通阀 + $3^1/_2$in 反扣钻杆。

井下落鱼描述:$3^1/_2$in FOX–13Cr 油管 2 根 + 短油管 2 根 + THT 封隔器 + 磨铣延伸筒 + $3^1/_2$in FOX–13Cr 油管 2 根 + 管鞋式剪切球座,鱼头为 $3^1/_2$in FOX–13Cr 油管外螺纹。

作业过程:下放打捞管柱至井深 4726.82m,开泵悬重 880kN,下压 60kN,泵压由 15MPa 上涨至 20MPa,上提至 1000kN,停泵下压 80kN,上提至 1050kN,悬重下降至原悬重 920kN,上提管柱悬重无明显变化。

结果及分析:起打捞管柱,捞获落鱼:$3^1/_2$in FOX–13Cr 油管 2 根 19.36m + $3^1/_2$in FOX–13Cr 短油管 1 根 4m + 油管母接箍 ×0.17m。至此,本井累计起出 $3^1/_2$in FOX–13Cr 油管 490 根,井内剩余落鱼:$3^1/_2$in FOX–13Cr 短油管 1 根 2m + THT 封隔器 + 磨铣延伸筒 + $3^1/_2$in FOX–13Cr 油管 2 根 + 管鞋式剪切球座,全长 25.75m,鱼头为 $3^1/_2$in FOX–13Cr 油管外螺纹。

2.7.14 第十四趟钻：组下φ147mm进口合金铣柱磨鞋组合工具清理井壁

组下工具：φ147mm进口合金铣柱磨鞋组合工具。

作业目的：清理井壁。

管柱组合（由下至上）：φ147mm进口合金铣柱磨鞋组合工具 + φ140mm双捞杯 + φ120.6mm反扣钻铤6根 + $3\frac{1}{2}$in反扣钻杆。

井下落鱼描述：$3\frac{1}{2}$in FOX-13Cr短油管1根 + THT封隔器 + 磨铣延伸筒 + $3\frac{1}{2}$in FOX-13Cr油管2根 + 管鞋式剪切球座，鱼头为$3\frac{1}{2}$in FOX-13Cr油管外螺纹。

作业过程：下磨铣管柱至3511m，在2939~3396m井段间断遇阻（其中2998~3000m，3030~3033m，3125~3127m，3280~3286m遇阻较为严重），反复上提下放活动至畅通无阻，下压范围20~60kN，下磨铣管柱至4750.15m，在3525~4426m井段间断遇阻（其中3525~3528m，3532~3534m，3764~3767m，4318~4321m，4422~4426m，4469~4473m，4558~4560m，4562~4565m，4601~4603m，4609~4613m遇阻较为严重），反复上提下放活动至畅通无阻，下压范围20~60kN，4737~4750m井段接方钻杆划眼通过，钻压0~10kN，转速40r/min，扭矩0.6~1.2kN·m，正循环密度为1.9g/cm³的油基压井液（漏斗黏度99s，初切4Pa，终切8Pa），泵压20MPa，排量0.48m³/min，累计返出水泥屑260L。

结果及分析：起磨铣管柱，检查发现φ147mm进口合金铣柱磨鞋组合工具中度磨损，其中四个刀翼顶部磨损约11mm，检查捞杯带出约3kg水泥块及少量钢丝。

图6.11 φ145mm进口合金高强度套铣鞋

2.7.15 第十五趟钻：组下φ145mm进口合金高强度套铣鞋套铣封隔器

组下工具：φ145mm进口合金高强度套铣鞋（图6.11）。

作业目的：套铣封隔器，为下步打捞做准备。

管柱组合（由下至上）：φ145mm进口合金高强度套铣鞋（铣头外径145mm，内径118mm） + φ140mm加长套铣管1根 + φ140mm双捞杯 + φ120.6mm反扣钻铤12根 + $3\frac{1}{2}$in反扣钻杆。

井下落鱼描述：$3\frac{1}{2}$in FOX-13Cr短油管1根 + THT封隔器 + 磨铣延伸筒 + $3\frac{1}{2}$in FOX-13Cr油管2根 + 管鞋式剪切球座，鱼头为$3\frac{1}{2}$in FOX-13Cr油管外螺纹。

作业过程：组下套铣管柱至4750.15m遇阻20kN，套铣至4752.57m，套铣累计进尺2.42m，钻压20~40kN，转速40~50r/min，扭矩0.6~1.0kN·m，排量0.48m³/min，泵压20MPa，出口返出约50L水泥屑及少量铁屑（其中压井液液面减少0.2m³，出口见胶皮），分析已将封隔器上卡瓦及胶皮套铣完，决定起钻。

结果及分析：起套铣管柱，检查发现φ145mm进口合金高强度套铣鞋磨损严重，捞杯带出封隔器上卡瓦牙残体两块，长9.8cm，宽5.8cm，厚0.5cm，带状胶皮一块，长48cm，宽3cm，厚0.5cm（图6.12），带出少量铁屑、碎钢丝及约2kg水泥块，其中最大一块水泥块长19.5cm，宽4.2cm，厚0.6cm。

图6.12　磨损严重的进口合金高强度套铣鞋及捞杯带出落鱼

2.7.16　第十六趟钻：组下φ143mm专用加长反扣可退式篮式卡瓦打捞筒

组下工具：φ143mm专用加长反扣可退式篮式卡瓦打捞筒（内装φ87mm篮式卡瓦 + φ91mm止退环）。

作业目的：打捞封隔器及尾管。

管柱组合（由下至上）：φ143mm专用加长反扣可退式篮式卡瓦打捞筒（内装φ87mm篮式卡瓦 + φ91mm止退环） + φ127mm旁通阀 + φ120.6mm反扣钻铤3根 + φ87mm挠性短节 + φ121mm随钻振击器 + φ120.6mm反扣钻铤3根 + $3\frac{1}{2}$in反扣钻杆。

井下落鱼描述：$3\frac{1}{2}$in FOX–13Cr短油管1根 + THT封隔器 + 磨铣延伸筒 + $3\frac{1}{2}$in FOX–13Cr油管2根 + 管鞋式剪切球座，鱼头为$3\frac{1}{2}$in FOX–13Cr油管外螺纹。

作业过程：下放打捞管柱至井深4750.15m，开泵悬重900kN，下压60kN，上提至1000kN，下压80kN，逐级上提至950kN、1000kN、1100kN，上提管柱至井深4730m，挂卡60～120kN。

结果及分析：起打捞管柱，捞获落鱼$3\frac{1}{2}$in FOX–13Cr短油管1根 + THT封隔器残体 + 磨铣延伸筒 + $3\frac{1}{2}$in FOX–13Cr油管2根 + 管鞋式剪切球座，其中第一根油管卸扣耗时长达165min，每卸半圈停5～10min释放圈闭压力。第2扣卸扣长达95min，检查封隔器残体，带出下卡瓦牙5块（每块尺寸：长9.1cm × 宽4.2cm × 厚2cm），落鱼管柱被泥砂堵死，两根油管有弯曲，球座端部见钢丝头（图6.13），至此井内管柱落鱼已全部捞获，管柱内未见电子压力计及加重杆仪器串落鱼。

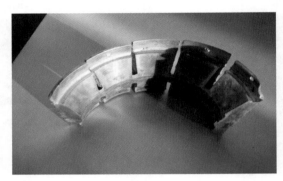

图 6.13　捞获的落鱼

2.7.17　第十七趟钻：组下 ϕ102mm 进口合金专用空心高效磨鞋通井

组下工具：ϕ102mm 进口合金专用空心高效磨鞋。

作业目的：对 5in 套管通井。

管柱组合（由下至上）：ϕ102mm 进口合金专用空心高效磨鞋 + ϕ88.9mm 反扣钻铤 12 根 + $2\frac{3}{8}$in 反扣钻杆 21 根 + $3\frac{1}{2}$in 反扣钻杆。

井下落鱼描述：ϕ43mm 电子压力计 3 只 1.25m + ϕ50mm 加重杆 2 根 6.2m。

作业过程：下通井管柱通井至井深 4768m，遇阻 20kN，划眼至 4981.5m，划眼井段 4865～4916m，划眼进尺 51m，累计划眼进尺 70m，钻压 5～20kN，转速 40r/min，排量 0.42m³/min，泵压 20MPa，继续划眼无进尺，钻压 10～20kN，转速 40r/min，排量 0.42m³/min，泵压 20MPa，出口见气，决定测油气上窜速度后起钻。

结果及分析：起通井管柱，检查发现 ϕ102mm 进口合金专用空心高效磨鞋磨损严重，外径磨小至 100mm，水眼被钢丝堵死（图 6.14），决定先对 7in 套管进行通井和刮壁，组织 5in 套管内的套铣工具。

图 6.14　高效磨鞋磨损严重且水眼被钢丝堵死

2.7.18　第十八趟钻：组下 ϕ146mm 进口合金高效磨鞋通井

组下工具：ϕ146mm 进口合金高效磨鞋。

作业目的：对 7in 套管通井。

管柱组合（由下至上）：ϕ146mm 进口合金高效磨鞋 + ϕ120.6mm 反扣钻铤 6 根 + $3\frac{1}{2}$in 反扣钻杆。

井下落鱼描述：ϕ43mm 电子压力计 3 只 1.25m + ϕ50mm 加重杆 2 根 6.2m。

作业过程：下通井管柱至井深 4842m（喇叭口位置），正循环密度为 1.9g/cm³ 的油基压井液（漏斗黏度 104s，初切 4Pa，终切 8Pa），排量 0.48m³/min，泵压 20MPa。

结果及分析：起通井管柱，检查发现磨鞋轻微磨损。

2.7.19　第十九趟钻：组下 7in 刮壁器刮壁

组下工具：7in 刮壁器。

作业目的：对 7in 套管通井。

管柱组合（由下至上）：7in 刮壁器 + $3\frac{1}{2}$in 反扣钻杆；井下落鱼描述：ϕ43mm 电子压力计 3 只 1.25m + ϕ50mm 加重杆 2 根 6.2m。

作业过程：下刮壁管柱至井深 4756m，对井段 4645～4756m 反复刮壁 3 次。

结果及分析：起刮壁管柱，检查刮壁器完好。

2.7.20　第二十趟钻：组下 ϕ102mm 套铣打捞组合工具套铣打捞

组下工具：ϕ102mm 套铣打捞组合工具（ϕ102mm 进口合金套铣头 + ϕ48mm 闭窗 2 组 + ϕ88.9mm 加长套铣筒）。

作业目的：铣打捞 5in 套管内仪器落鱼串。

管柱组合（由下至上）：ϕ102mm 套铣打捞组合工具（ϕ102mm 进口合金套铣头 + ϕ48mm 闭窗 2 组 + ϕ88.9mm 加长套铣筒） + ϕ88.9mm 反扣钻铤 12 根 + $2\frac{3}{8}$in 反扣钻杆 20

根 + φ140mm 双捞杯 + $3\frac{1}{2}$in 反扣钻杆。

井下落鱼描述：φ43mm 电子压力计 3 只 1.25m + φ50mm 加重杆 2 根 6.2m。

作业过程：下套铣打捞组合工具至井深 4842m（喇叭口）遇阻 20kN，接方钻杆旋转下放通过，套铣 4981.5～4993.3m 井段，套铣进尺 11.8m，钻压 5～20kN，转速 40～50r/min，扭矩 0.9～1.4kN·m，排量 0.48m³/min，泵压 20MPa，套铣无进尺，返出少量铁屑。

结果及分析：起套铣管柱，检查发现套铣鞋底部被磨平（磨损约 5mm），套铣头外部有 4 道横向划痕，最深一道划痕深约 1mm，套铣筒内带出少量钢丝，约 0.5kg，捞杯内带出少量钢丝和水泥块约 1kg，钻铤表面有多处划痕（图 6.15）。

图 6.15　钻铤表面有多处划痕及捞杯带出的钢丝和水泥块

2.7.21　第二十一趟钻：组下 φ102mm 套铣头套铣落鱼串

组下工具：φ102mm 进口合金套铣头 + φ102mm 专用套铣筒。

作业目的：套铣 5in 套管内仪器落鱼串。

管柱组合（由下至上）：φ102mm 进口合金套铣头 + φ102mm 专用套铣筒 + φ88.9mm 反扣钻铤 12 根 + $2\frac{3}{8}$in 反扣钻杆 20 根 + φ140mm 双捞杯 + $3\frac{1}{2}$in 反扣钻杆。

井下落鱼描述：φ43mm 电子压力计 3 只 1.25m + φ50mm 加重杆 2 根 6.2m。

作业过程：下套铣管柱至 4992m 遇阻 20kN，反复 3 次无位移，套铣至井深 5000.75m，套铣进尺 8.75m，钻压 5～20kN，转速 40～50r/min，扭矩 0.8～1.2kN·m，排量 0.48m³/min，泵压 15MPa，扭矩由 0.8kN·m 上升至 1.4kN·m，上提钻具悬重由原悬重 900kN 增加至 940kN，泵压由 15MPa 上涨至 22MPa，停泵后压力不降，反复上下活动未解卡，活动范围 900～1300kN，多次正憋压 20MPa 未通过，反憋压 15MPa 未通过，旋转管柱，转速 20～50r/min，转盘扭矩正常，上提悬重 950～980kN，憋泵 18MPa 倒划眼，扭矩 1.2～1.5kN·m，未解卡，继续旋转活动解卡，配合小排量正憋压 15MPa 降至 10MPa 后多次补压，正循环旋转钻具洗井，清理环空杂物，转速 30～40r/min，扭矩 0.8～1.0kN·m，排量 0.30m³/min，泵压 22MPa，出口返出少量地层细砂，倒划眼井段 4965.00～5000.75m，上提超过原悬重 30～80kN，旋转 4～15 圈，扭矩 0.8～1.2kN·m，倒划眼解卡成功。

结果及分析：起套铣管柱，检查发现套铣筒带出 φ38mm 绳帽长度 0.14m，φ43mm 电子压力计（3支）长度1.25m（图6.16），ϕ50mm加重杆0.3m，捞杯带出钢丝一根0.25m，套铣头磨损严重，套铣筒及变扣接头处有多处明显划痕，最下部一根ϕ88.9mm反扣钻铤外壁有多道划痕；目前井内落鱼为：ϕ50mm加重杆5.9m，深度5000.75m，鱼顶为ϕ50mm加重杆断口。分析在套铣过程中电子压力计及加重杆进入套铣筒内，导致水眼堵塞憋泵，造成环空内未返出的碎钢丝及其他碎屑下落至钻铤与套铣管柱连接台阶面处，造成卡钻；决定下步使用长套铣筒进行套铣，并在套铣过程中保证大排量循环，防止环空内杂物快速下沉。

图6.16　套铣筒带出电子压力计

2.7.22　第二十二趟钻：组下ϕ102mm套铣头套铣落鱼串

组下工具：ϕ102mm进口合金套铣头 + ϕ88.9mm加长套铣筒。

作业目的：套铣5in套管内仪器落鱼串。

管柱组合（由下至上）：ϕ102mm进口合金套铣头 + ϕ88.9mm加长套铣筒 + ϕ88.9mm反扣钻铤12根 + $2^3/_8$in反扣钻杆11根 + ϕ140mm双捞杯 + $3^1/_2$in反扣钻杆。

井下落鱼描述：ϕ50mm加重杆5.9m，深度5000.75m，鱼顶为ϕ50mm加重杆断口。

作业过程：下套铣管柱至井深4999.8m遇阻20kN，反复3次无位移，正循环密度为1.9g/cm^{3}的油基压井液（漏斗黏度104s，初切4Pa，终切8Pa）洗井，排量0.48m^3/min，泵压21MPa，返出见少量铁屑及少量细砂。停泵后连接管线反循环洗井，泵压由21MPa上升至24MPa，排量由0.42m^3/min下降至0.12m^3/min，上提管柱至井深4990.5m，反憋压24MPa，压力降至10MPa，停泵压降缓慢，水泥车继续反循环洗井，憋压压力由20MPa降至8MPa，出口返液逐渐正常，泵压稳定在8MPa，排量0.25m^3/min。正循环密度为1.9g/cm^{3}的油基压井液（漏斗黏度104s，初切4Pa，终切8Pa），排量0.48m^3/min，泵压20MPa，旋转管柱下放至井深4999.8m，扭矩由0.8kN·m增至1.4kN·m，泵压由20MPa上涨至23MPa，水眼堵塞憋泵，上提管柱至井深4991m，泵压13MPa，排量0.12m^3/min，旋转管柱下放至井深4999.8m，转速20r/min，加压20kN，扭矩由0.8kN·m上涨至1.5kN·m，停转盘、停泵下压60kN。

结果及分析：起出套铣管柱，检查发现套铣头轻微磨损，捞杯带出钢丝两根，封隔器残块三块以及少量水泥块（其中第82柱 $3\frac{1}{2}$in 钻杆接头处带出钢丝一根，长 7cm，带出加重杆外皮一块，长 × 宽：5cm×2cm；$2\frac{3}{8}$in 钻杆与 $3\frac{1}{2}$in 钻杆变扣接头内带出钢丝5根，长 5～10cm，起至 $2\frac{3}{8}$in 钻杆时水眼畅通）。分析在管柱下探过程中发现，比上次套铣位置上移 0.9m，说明井底碎钢丝及其他杂物较多，通过反循环洗井清理井底杂物，但效果不好，在使用正循环套铣过程中水眼内杂物掉落至 $3\frac{1}{2}$in 钻杆与 $2\frac{3}{8}$in 钻杆变扣处堵塞水眼。

2.7.23　第二十三趟钻：组下一把抓专用打捞工具打捞井内落鱼

组下工具：ϕ102mm 加长一把抓专用打捞工具（图6.17）。

作业目的：打捞井内碎钢丝及其他杂物。

管柱组合（由下至上）：ϕ102mm 加长一把抓专用打捞工具 + ϕ88.9mm 反扣钻铤12根 + $2\frac{3}{8}$in 反扣钻杆7根 + ϕ140mm 双捞杯 + $3\frac{1}{2}$in 反扣钻杆。

井下落鱼描述：ϕ50mm 加重杆 5.9m，深度 5000.75m，鱼顶为 ϕ50mm 加重杆断口。

作业过程：下打捞工具至井深 4991m，正循环密度为 1.9g/cm³ 的油基压井液（漏斗黏度 104s，初切 4Pa，终切 8Pa），排量 0.54m³/min，泵压 23MPa。下放管柱至井深 4999.8m 遇阻 10kN，旋转下放加压至 40kN，转速 30r/min，扭矩 1.0～1.3kN·m，停转盘下压 200kN，重复打捞两次，上提悬重无明显变化。

结果及分析：起出打捞工具，检查发现一把抓 5 个牙齿压入（图6.18），但未捞获落鱼；从前面带出杂物分析，井内杂物均为 2～8cm 的碎钢丝，一把抓虽然已收口但是杂物太小从缝隙中掉落。

图 6.17　ϕ102mm 加长一把抓专用打捞工具　　　　图 6.18　未捞获落鱼

2.7.24　第二十四趟钻：组下 ϕ102mm 进口合金套铣头套铣落鱼

组下工具：ϕ102mm 进口合金套铣头 + ϕ88.9mm 加长套铣筒。

作业目的为套铣5in套管内仪器落鱼串,捞杯靠近喇叭口位置打捞井内杂物。

管柱组合(由下至上):ϕ102mm进口合金套铣头 + ϕ88.9mm加长套铣筒 + ϕ88.9mm反扣钻铤12根 + $2\frac{3}{8}$in反扣钻杆7根 + ϕ140mm双捞杯 + $3\frac{1}{2}$in反扣钻杆。

井下落鱼描述:ϕ50mm加重杆5.9m,深度5000.75m,鱼顶为ϕ50mm加重杆断口。

作业过程:下钻至井深4999.8m遇阻10kN,反复3次无位移,开始套铣,套铣井段4999.8~5011.45m,套铣累计进尺11.65m,循环密度为1.9g/cm³的油基压井液(漏斗黏度98s,初切4Pa,终切8Pa),排量0.48m³/min,泵压21MPa,转速50r/min,钻压5~20kN,扭矩0.9~1.1kN·m,返出少量铁屑及细砂,捞杯已到喇叭口位置。

结果及分析:起套铣管柱,检查发现套铣头磨损约5mm,捞杯内带出碎钢丝、加重杆残皮,铅片及少量水泥块共计4kg,套铣头闭窗内带出少量加重杆残皮、铅块(图6.19)及加重杆0.38m,分析认为,套铣头内带出的为两根加重杆之间的连接部分。

图6.19 捞杯带出的碎钢丝、加重杆残皮、铅片及少量水泥块图组

2.7.25 第二十五趟钻:组下ϕ102mm套铣打捞组合工具打捞落鱼

组下工具:ϕ102mm套铣打捞组合工具(ϕ102mm进口合金套铣头内部有"ϕ48mm闭窗3组 + ϕ88.9mm加长套铣筒")。

作业目的:套铣打捞5in套管内仪器落鱼串,划眼清理5in套管。

管柱组合(由下至上):ϕ102mm套铣打捞组合工具(ϕ102mm进口合金套铣头内部有ϕ48mm闭窗3组 + ϕ88.9mm加长套铣筒) + ϕ88.9mm反扣钻铤12根 + $2\frac{3}{8}$in反扣钻杆18根 + ϕ140mm双捞杯 + $3\frac{1}{2}$in反扣钻杆。

井下落鱼描述:ϕ50mm加重杆2.8m,预计鱼顶深度5011.95m。

作业过程:下钻至井深4847m遇阻20kN,划眼至井深4874.5m,钻压5~10kN,转速45r/min,扭矩0.9~1.1kN·m,排量0.48m³/min,泵压21MPa。正循环密度为1.9g/cm³的油基压井液(漏斗黏度104s,初切4Pa,终切8Pa)洗井,排量0.54m³/min,泵压22MPa,出口返出地层砂120L,铁屑及铅皮1kg。下钻至井深5011.83m遇阻20kN,复探三次,位置不变,划眼至井深5108.5m(机桥位置),划眼井段 5108.50～5011.83m,钻压 5～20kN,转速 50r/min,扭矩 0.9～1.1kN·m,排量 0.48m³/min,泵压 21MPa,出口返出少量铁屑和地层砂 150L。

结果及分析:起套铣管柱,检查发现套铣头磨损严重,闭窗内带出 φ50mm 加重杆 0.35m (加重杆下倒锥已带出),捞杯内带出碎钢丝、铅片及水泥块 3kg(图 6.20)。至此井筒内管柱落鱼及仪器管串落鱼全部处理完毕。

图 6.20　捞获的井下落鱼

2.7.26　第二十六趟钻:组下 φ148mm 通径规通井

组下工具:φ148mm 通径规。

作业目的:对 7in 套管通径。

管柱组合(由下至上):φ148mm 通井规 + 3$\frac{1}{2}$in 反扣钻杆。

作业过程:下钻至井深 2931m,在 2915～2931m 井段间断遇阻,加压 20～40kN,反复活动后通过,决定起钻检查。

结果及分析:检查通井规无明显磨损痕迹,分析认为套管内壁水泥屑未彻底清理,导致通径规无法顺利通过。

2.7.27　第二十七趟钻:组下通铣管柱通铣套管

组下工具:φ147mm 进口合金六刀翼磨鞋 + φ148mm 进口合金加长铣柱。

作业目的:通铣 7in 套管。

管柱组合(由下至上):φ147mm 进口合金六刀翼磨鞋 + φ148mm 进口合金加长铣柱 + φ140mm 捞杯 + 4$\frac{3}{4}$in 钻铤 6 根 + 3$\frac{1}{2}$in 反扣钻杆。

作业过程:下通铣管柱至井深 2930m 遇阻 20kN,划眼至井深 4212m,划眼井段 2930～4212m,钻压 5～20kN,转速 40～50r/min,扭矩 0.8～1.9kN·m,排量 0.78m³/min,泵压 16MPa,出口累计返出水泥屑约 220L。

结果及分析：起通铣管柱，检查发现 ϕ147mm 进口合金六刀翼磨鞋及 ϕ148mm 进口合金铣柱轻微磨损，捞杯内带出水泥块约 0.1kg。

2.7.28 第二十八趟钻：组下通井管柱通井

组下工具：ϕ102mm 进口合金高效磨鞋。

作业目的：对 5in 套管通井。

管柱组合（由下至上）：ϕ102mm 进口合金高效磨鞋 + $3\frac{1}{2}$in 反扣钻铤 6 根 + $2\frac{3}{8}$in 反扣钻杆 23 根 + ϕ140mm 双捞杯 + $3\frac{1}{2}$in 反扣钻杆。

作业过程：下通井管柱至 4842m（喇叭口位置）正循环洗井干净后，下 ϕ102mm 进口合金高效磨鞋通井管柱至 5100m 无遇阻显示，上提至 5010m 正循环洗井干净后起钻。

2.7.29 第二十九趟钻：组下通井循环管柱通井循环

作业目的：通井循环。

管柱组合（由下至上）：$2\frac{3}{8}$in 反扣钻杆 23 根 + $3\frac{1}{2}$in 反扣钻杆。

作业过程：下钻至 5002.1m，正循环洗井，返出少量铁屑，无后效，循环干净后起钻。

2.7.30 第三十趟钻：组下完井管柱完井

作业目的：下入完井管柱。

管柱组合（由下至上）：ϕ95.25mmPOP 球座 + $2\frac{7}{8}$in × 7.01mm 双公短节 + ϕ93mm 投捞式堵塞阀 + $2\frac{7}{8}$in × 7.01mmTN110Cr13S TSH563 油管 7 根 + 下提升短节 + 7inTHT 封隔器 + 上提升短节 + $2\frac{7}{8}$in × 7.01mmTN110Cr13S TSH563 油管 + $3\frac{1}{2}$in × 7.34mmTN110Cr13S TSH563 油管 + $3\frac{1}{2}$in × 9.52mmTN110Cr13S TSH563 油管 + 下提升短节 + 下流动短节 + $3\frac{1}{2}$in SP 井下安全阀 + 上流动短节 + 上提升短节 + $3\frac{1}{2}$in × 9.52mmTN110Cr13S TSH563 油管 6 根 + 双公短节 + 油管挂。

作业过程：按设计要求，下入完井管柱，累计下入油管 478 根（$2\frac{7}{8}$in × 7.01mmTN110Cr13S TSH563 油管 371 根，$3\frac{1}{2}$in × 7.34mmTN110Cr13S TSH563 油管 55 根，$3\frac{1}{2}$in × 9.52mmTN110Cr13S TSH563 油管 52 根）。

2.7.31 坐油管挂、换装井口，试压

作业过程：坐油管挂，装原井 KQ78/78—105MPa，FF 级 Y 型采气树，对采气树主密封、Z1、Z2、Z3、C1、C2、C4 各阀门分别试压合格，C3 阀门反复 4 次打压，均稳不住压，井下安全阀液控管线穿越盖板法兰，并对出口接头试压合格，紧固采气树连接螺栓，并试压合格。

2.7.32 替液、投球、坐封封隔器、验封

作业过程：连接管线并对流程试压合格，反替密度为 1.05g/cm³ 的高黏隔离液 10m³ 和

1.20g/cm³ 有机盐 92m³,泵压 0～40MPa,排量 0.15～0.25m³/min,出口回压 0～35MPa,投 38mm 钢球,候球入座,正打压坐封封隔器,封位 4696.50m,环空打压验封合格,正打压击落球座,开关井活动井下安全阀 3 次,正常打开井下安全阀,对地面低压、中压、高压流程端分别试压合格。

2.7.33 放喷求产

作业过程:用 8mm 油嘴放喷求产,油压在 30.790～35.062MPa 波动,套压 5.749MPa,日产油 26.74t,日产气 281185m³。

3 技术总结与认识

XX201 井因油压异常下降而关井,两次解堵未能解决问题,通过采取小油管带压作业和上钻井修井的措施,起出和打捞出井内封隔器完井管柱,疏通了生产通道,并且重下完井管柱,恢复正常生产,达到了作业的目的。修井关井前生产油压 11.8MPa,套压 4.9MPa,日产油 23t,日产气 271203m³,修井作业后生产油压 33～50MPa,套压 16～45MPa,日产油 25.3t,日产气 300537m³。

XX201 井复杂打捞共计 75 天,期间累计起下钻 30 趟。该井在处理过程中存在如下几方面难点和认识。

(1)在前期作业中,由于钢丝和测井仪器管串等落井形成井下落鱼,加上后期的压井液等杂物沉淀,使管柱内分段堵塞严重,并形成高压圈闭气,致使在倒扣打捞油管卸扣过程中高压圈闭气伤人风险程度较高。一方面为保障作业人员及作业安全,作业人员必须在特制钢板保护下对设备进行操作(图 6.21),造成作业人员对设备的操作精度及熟练程度大打折扣;另一方面在卸油管扣过程中,为释放圈闭压力,单根油管卸扣时长最长达 5h,从起出带有高压圈闭气的第一根油管到最后一根油管(第 24 根)总共耗时 42h,导致作业进度非常缓慢。

图 6.21 作业人员在特质防护装置后进行卸扣操作

（2）本井井筒内壁结垢严重,导致工具无法通过。套管壁上有泥块,初期完井作业中THT封隔器可以顺利下入,修井作业过程中打捞井下落鱼时,下清铣井壁管柱至井深1730m遇阻,划眼井段1730.0~2226.0m、3920.0~4397.3m,累计划眼进尺496m,累计返出水泥屑约780L,在打捞出井内落鱼后,再次进行清理井壁时,在井段3525~3528m、3532~3534m、3764~3767m、4318~4321m、4422~4426m、4469~4473m、4558~4560m、4562~4565m、4601~4603m、4609~4613m遇阻较为严重,循环累计返出水泥屑260L,捞杯带出的水泥块最大约3kg（图6.22）。

图6.22　捞杯带出的水泥块

（3）本井管柱内钢丝及仪器管串落鱼落入5in套管内,小套管内处理该落鱼困难,且循环时井内杂物不易被带出井筒,造成环空内未返出井口的碎钢丝及其他碎屑下落至钻铤与套铣管柱连接的台阶面处,导致处理过程中卡钻风险较高。

（4）本井TY OBS油基修井液悬浮性好、携带性强,被修井液带出的水泥块最大直径可达5~6cm,被修井液带出的铁丝最长可达7~10cm。同时TY OBS油基修井液和完井液直接接触混合后,形成了一段天然稠塞且未出现固相沉淀,能有效阻止油基压井液与完井液进一步混合,在本井多次的循环、替液过程中,该油基压井液性能一直稳定,无沉降,确保了整个作业过程安全顺利。

（5）施工过程中,在完成小油管作业后,用高密度压井液替换原井内的1.5~1.6g/cm^{3}有机盐完井液（含10%~15%乙二醇）是个严重的错误,造成后期高密度压井液沉淀后与油管内的钢丝将油管堵死。

4　取得的效益

（1）XX201井修井作业结束再次投产后,年累计产油9736t,年累计产气1.15×10^{8}m^3,年共计创造经济效益达 1.4 亿元。

（2）XX201 井复杂情况的处理,成功起出和打捞出原井封隔器完井管柱,重下了完井管柱,使因油管堵塞而关闭的井重新恢复了生产,形成一套具有塔里木油田特色并能适应高压气井修井的工艺技术,弥补了国内高压气井井筒堵塞治理的空白,为其他类似井的隐患治理奠定了坚实的基础,并为以后塔里木油田处理类似井下问题积累了宝贵的经验。